Bella 著/绘

美食手账
新手入坑指南

人民邮电出版社

北 京

图书在版编目（CIP）数据

美食手账新手入坑指南 / Bella著、绘. -- 北京：
人民邮电出版社，2022.4
ISBN 978-7-115-58219-5

Ⅰ．①美… Ⅱ．①B… Ⅲ．①本册 Ⅳ．①TS951.5

中国版本图书馆CIP数据核字(2021)第257700号

内 容 提 要

做手账是一件既文艺又有趣的事情，用笔尖记录静静流淌的时光，用纸张承载生活中的点滴幸福。吃到了可口的食物，见到了要好的朋友，路过了街角的咖啡店……用笔记录下来，等到某一天再翻看时，那该多么幸福呀。

本书介绍了手账的制作方法，尤其是美食手账的绘制技法。全书共有5章：第1章分享了作者的手账生活，用精彩的画面展现出了手账的魅力；第2章介绍了绘制手账的基本技法；第3章介绍了绘制美食手账的诀窍，包括营造立体感、表现细节、配色等技法；第4章介绍了各种美食的绘制技法，包括水果与甜点、蔬菜、肉食、主食等；第5章介绍了"脑洞大开"的手账机关制作方法，让手账充满创意和乐趣！

本书内容丰富且充满趣味性，适合手账"萌新"和零基础水彩爱好者学习。希望拿到这本书的读者能感受到做手账的乐趣，掌握水彩画的绘制技法。

◆ 著 / 绘　Bella
　　责任编辑　闫　妍
　　责任印制　周昇亮

◆ 人民邮电出版社出版发行　　北京市丰台区成寿寺路 11 号
　　邮编　100164　　电子邮件　315@ptpress.com.cn
　　网址　https://www.ptpress.com.cn
　　天津图文方嘉印刷有限公司印刷

◆ 开本：787×1092　1/16
　　印张：9　　　　　　　　　　2022 年 4 月第 1 版
　　字数：176 千字　　　　　　　2022 年 4 月天津第 1 次印刷

定价：69.80 元

读者服务热线：(010)81055296　　印装质量热线：(010)81055316
反盗版热线：(010)81055315
广告经营许可证：京东市监广登字 20170147 号

手账！ 未来 "大" 风靡的 "小" 爱好

"手账"这个词，你可能对它既熟悉又陌生。

你会在各种分享平台上看到它的"高颜值"美图，在各种商场的文艺角落看到它鲜亮的身影。它好像是日记，但又不只是日记；好像是剪贴簿，但又可以集合很多元素玩出花样来。那它到底是什么呢？

"手账"这个词源于日本，指的是很多日本人习惯随身携带的一种记事本。它的功能就是方便自己随时随地记录与翻看，提醒自己重要的事件，可以当成一种备忘录，也可以是工作或生活日记。

　　手账这种记录形式，我们在很早以前就已经开始接触了，只是那时候还不叫"手账"而已。比如每天记作业的备忘录、用贴纸弄得漂漂亮亮的日记本，甚至是把杂志里的插图剪下来做成的剪贴本等。

　　对于现在国内的手账爱好者来说，除了实用功能，手账也是结交同好、提升自我审美能力与增添生活乐趣的绝佳选择。动手的乐趣与纸笔的温度始终是电子产品代替不了的。

　　于我而言，手账扮演了这样一个角色：它是我生活和情绪的真实记录者。我们需要在生活的某个地方放置快乐，给心灵"充电"，而手账的意义就在于记录每一个独特的当下，鞭策自己不断往高处走。2015年年底我开始接触手账，从青涩稚嫩到写画自如，从粉嫩少女风到"free style"，从喜欢别人到被人喜欢……自己所有的改变与成长都被手账记录下来了。

手账陪伴我大学毕业、度过了考研的日子，见证了我每一次自我蜕变的过程，并且让我获得了许多意想不到的惊喜！

那新手可以从什么时候开始做手账？答案是随时可以开始！你完全可以用自己喜欢的方式去记录生活中的点点滴滴。重要的是关注自己的内心，而不是单纯去追求美观。不过，我还是会和大家分享让手账变漂亮的方法的，毕竟做出"高颜值"手账也是取悦自己的方式。

手绘！ 令我欲罢不能的技能

　　自从我在微博晒了美食手账之后，经常会收到一些很可爱的评论和私信，大部分是问"小白"不会画画怎么办？如果不会画画是不是就和好看的手账说拜拜了？

　　没有人生下来就会画画。我是因为从小喜欢才去学的画画。画画这件事不仅可以给我带来视觉上的美感，而且在绘画的过程中我能沉静下来，让我在一个天马行空、不受约束的小天地里自由徜徉。能把看到的甚至想象到的事物以不同风格的风格画在纸上是一种多么酷的技能啊！

　　记得我第一次正儿八经地去学画画是在五六岁时，当时画的一幅又一幅笔迹稚嫩的画现在看来却特别有纪念意义。虽然中学时期因为升学压力有较长时间没有碰过画笔，但画画的渴望却在上大学之后一股脑儿地涌上来了。大学时的业余时间大都被我用来画画和学习画画了，并且乐此不疲。

　　我想说，"小白"学画画并不难，最重要的是要有迈出第一步的勇气和信心。当然啦，如果你不知道怎么开始就一定要往下看。我会在这本书里给大家详细地分享我作为一名"非专业"爱好者是怎么找到思路和方法并快速上手的。

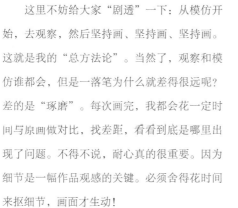

这里不妨给大家"剧透"一下：从模仿开始，去观察，然后坚持画、坚持画、坚持画。这就是我的"总方法论"。当然了，观察和模仿谁都会，但是一落笔为什么就差得很远呢？差的是"琢磨"。每次画完，我都会花一定时间与原画做对比，找差距，看看到底是哪里出现了问题。不得不说，耐心真的很重要。因为细节是一幅作品观感的关键。必须舍得花时间来抠细节，画面才生动！

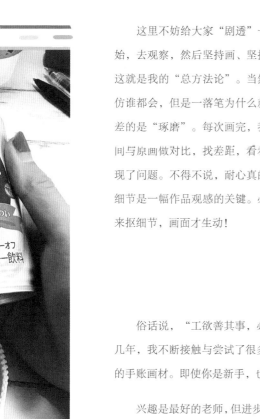

俗话说，"工欲善其事，必先利其器"。各种各样的画材碰撞出来的火花是不一样的。最近几年，我不断接触与尝试了很多绘画工具，在这本书里也会和大家分享一些我使用过的性价比高的手账画材。即使你是新手，也完全不用担心！

兴趣是最好的老师，但进步也是要从每一次的练习获得的，坚持才有好的回报。达·芬奇曾说，墙上的斑点也是一道美丽的风景。只要你想开始自己的手账之旅，请记得：完成，比完美更重要。让我们一起享受美好的绘画时光吧！

美食！ 必须要记录的高光片段

　　这世上唯爱与美食不可辜负。五湖四海都有不同口味，春夏秋冬都是吃喝旺季，酸甜苦辣各有妙处，煎炒烹炸大快朵颐。"吃"这一件事，真是治愈我们的最棒方式了！

　　美食是生活的魔术棒。我最喜欢的放松方式就是叫上好朋友一起吃一顿，侃侃大山，吐槽琐事，精神和味蕾都得到了充分的放松与满足。空闲时间再画上几笔，就什么烦恼都抛到九霄云外了。

　　美食手账是我觉得做起来最享受的一种手账了。当然形式上不是只有手绘，我们完全可以充分利用相关的素材，配以适合当下心情的文字，为手账赋予美味的"灵魂"。最重要的是，一定要抱着一种幸福且快乐的心态做手账，你的手账才会很"好吃"。

记得最开始自己画技并不是那么好的时候，我习惯收集一些日常的素材放在手账里做装饰，譬如筷套、宣传单、包装袋等。再加上一些纸胶带和贴纸，每做完一页，自己都会超级有成就感。后来想画画的心情越来越强烈，就从一些小事物开始画起。画画的技术就在画一幅幅小画的过程中进步着。在后面的内容中，我也会带来许多超好用的小绝招，帮你提升你的手账"美味度"！

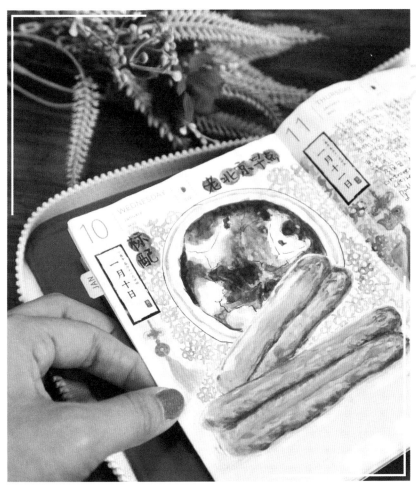

生活远不止每天的"热搜"和朋友圈的晒图。做美食手账让我越来越热爱生活的每一处细节，让我学会慢下来去品味每一种味道。还在等什么？马上开始这趟美味之旅吧！

目录
Contents

第 **4** 章

该你啦！
一学就会的
美食画法

第 **5** 章

我们还能这样
开"脑洞"

写在结尾的话

MR. WILLIAM
SHAKESPEAR'S
Comedies, Histories, and Tragedies.

Published according to the true Original Copies.

The third Impreffion.

And unto this Impreffion is added feven Playes, never
before Printed in Folio.

... ...omas L.d. Cromwell.
...caftle Lord Cobham.
...itan Widow.
...fhire Tragedy.
...ragedy of Locrine.

LONDON, Printed for P. C. 166...

第 **1** 章

给想记录幸福生活的你

你是不是也经常有这样的想法：看到各种各样的手账就想买，但是自己不会写，怕毁了好看的本子？看过好多写手账的技巧，但自己一上手，脑子里就一片空白？写手账之前信心满满，坚持一周就想要放弃？

你有的问题我都有过，而且一点儿也不比你少。但经过这几年与手账的不断磨合，现在的我写起来就如鱼得水啦。如果你想学会做手账，就一起聊聊吧！

◆ 1.1 ◆

点滴幸福都在
记录细节之间

2015 年年底三里屯的那场 MT（Masking Tape 的缩写，又名和纸胶带）胶带展让我与手账结下了不解之缘。我从小就是个"颜控"，属于遇到好看的东西不买也想停下来看一看的那种。所以当时路过时，就被摆在货架上花花绿绿的纸胶带，还有排着长长队伍的人群吸引住了！这些精致又好看的纸胶带是做什么用的？为什么有这么多人喜欢？

后来才知道，它是装饰手账用的纸胶带。

不过当"想自己写一本手账"这个念头冒出来的时候，我却犹豫了。因为像这样天天写，真的感觉好麻烦，而且很多小事占据了大半篇幅，这有什么意义呢？或者说我们为什么要花时间去记录平凡的小事呢？

我日复一日地看那些博主们的手账，心中慢慢有了答案。

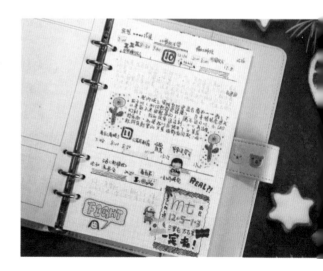

他们并不把手账当成一种展示某种技能的工具，而是把自己的本子当作朋友与倾诉对象，记录的是生活本来的样子，因而每一天的喜怒哀乐都有它们存在的意义，而且是独一无二的意义。

是啊，生活的齿轮只快不慢，不知道从什么时候开始，我们对身边美好事物的感知能力大大减退了。当我们的精力日复一日地分给了工作、学习、家庭时，却唯独忘记开辟一个角落给自己来安放这些细小而满足的快乐，比如每天出门时看见的第一缕阳光、午后休闲时享受的咖啡、晒出来的作品被人点赞等。

从小事中感知快乐是一种特别重要的能力。这种能力不是让我们学会消极地知足，而是积极主动地去创造快乐。正是因为生活的忙碌与繁杂，这些细碎的温暖才弥足珍贵。它在一点点治愈着我们沮丧的心情，告诉我们，要打起精神来！

当我开始了自己的手账旅程后，生活中的乐事变得越来越多。比如早上在面包店买的面包、傍晚在超市买的樱桃酒、收到喜欢的小物件等。我反对出于"记录"的目的而记录的行为，这样不光劳心劳力，自己也不会真正地享受快乐。但对于真正想拥有自己内心一方小天地的朋友来说，正因为白天忙碌，所以剩下来的时间不妨大方地匀一些给自己。如果我们每一天都只为忙碌买单，那就真的错过了"今日份"的快乐。

而至于是否有时间做手账，真的不必过于担忧，无论你用碎片时间还是完整的几个小时来完成都完全没问题。如果行程紧张，我的秘诀就是见缝插针，等待的时间都可以用来做手账。譬如外出旅行时在机场候机，坐飞机的时候，我都会视情况来做一部分手账，有时候是打草稿，有时候是上色，有时候是写字。但要记得：做手账是一件幸福的事，而不是任务哦！所以我自己并没有觉得很累，反而乐在其中。

如果假期悠闲，那就可以"肆无忌惮"地写。总之，我就是在记录每一天的真实生活，说给自己听，写给未来看。哪怕不想做手账，我也会大大方方地写上"今天太忙，休息一天"，或者直接当剪贴本，贴一些平时收集的好看图案。虽说每一天都是现场直播，但偶尔给自己放个假也未尝不可。

下面这张图就是我从候机时开始画的，飞机一落地，这一页就差不多画完啦。

　　可是如果玩得太累，休息的时候只想睡觉怎么办？那就悄悄告诉你一个偷懒的"绝招"：出发之前提前规划！其实我也经常遇到这种情况，所以我每次出门之前会大致构思一下这几页要怎么布局，以免到时脑袋空白想不出好的创意。当然，旅行中也会有灵感乍现的时候，这时我就会随想随画，就不怎么去管原先的规划了。

　　哪怕当下的情绪再高涨，如果不把这份快乐留住，它也会随着时间被我们遗忘。我们如果不及时留下一些痕迹，可能浪漫的旅行最后就只剩下了舟车劳顿和人山人海的记忆，丰盛的大餐只留下了模糊的样子和味道，甚至连买到的限量版化妆品都被遗忘在角落里落满灰尘。

　　所以，每天留一点时间让紧绷的神经暂时放松一下吧。

◆ 1.2 ◆

手账教给
我的那些事

在使用手账的 4 年多时间里，其实发生了很多连我自己都惊讶的变化。

　　第一就是自律的习惯。手账让我了解到：真正的自由不是随心所欲，而是自我主宰。大三时备考研究生，我选择了在家复习。因为没人监督和陪伴，所以自己一个人复习的时候多少会有一些松懈。也就是在那个时候，为了不再让自己把精力都浪费在无意义的瞎想与自我消耗中，我决定开始尝试用手账记录和规划每天的学习事项。在这个过程中，我看了很多达人规划时间与任务的方法，也学会了拆解任务、分配任务，自己也从一种焦虑的状态中慢慢解脱了出来。

　　成功"上岸"之后，到了研究生阶段，做手账的习惯自然也就保持下来了。每天起床后的第一件事就是在本子上写下今日的待办事项，然后才去刷牙洗脸。临睡前看着打得满满当当的对号，这种满足感真的是做其他事代替不了的！

第二是手账让我了解到：美绝不是一种固有模式，美是独一无二和多姿多彩的。一个人的审美风格会蔓延到其他生活的每个角落，小到穿衣打扮和个人作品，大到家居设计与朋友圈子。接触手账以前，我虽然觉得审美能力很重要，但也感觉很空洞，不知道怎么提升。但做手账真真切切地让我把所有的想法化为了行动。每一个细节看似微小，却让我不由自主地去想：怎样做能更好看？为什么这样的搭配会更顺眼？也就是在这样不断的寻找、尝试与记录中，我逐渐找到了自己喜欢的风格。 我喜欢的风格跟我自己的性格其实很像，要么极简，要么鲜亮跳脱，有着强烈的反差。

第三是消费习惯。玩手账让我明白，我可以为爱好消费，但它不应该成为我的负担。在刚"入坑"的时候，我也体会了有一种痛叫"买胶带堪比买大牌"。如果你也想克制一下自己的购买欲，可以问问自己，买来是使用还是收藏？不买会怎么样？

其实想买的东西和人的欲望一样，无穷无尽。所以我逐渐懂得了如何处理这种欲望——延迟满足感。但是话又说回来，有欲望就会有更加努力的动力。欲望越强，内在驱动力就越强，它应该是一个正向的循环。有收集爱好的小伙伴也不用纠结，根据自己的喜好和经济状况购买就好。

最后就是分享的勇气。手账让我了解到：世界很大，只有走出去才能遇见有趣的人和事。因为分享手账而获得了好多人的喜爱，是这几年我收获的最大的激励与惊喜。最开始只是在微博分享一下手账日常、手作小机关教程，完全当成兴趣，但没想到会受到大家的喜欢。更重要的是，我慢慢认识了很多有着相同爱好的小伙伴，其中也有很多从网友变成了现实中的好朋友。一群人不分职业、不分年龄，一起谈天说地，一起疯狂"剁手"，一起吸引更多的人认识手账……因为爱好而聚集在一起所产生的热爱与动力真的太神奇了。

如果用一句话概括手账教给我的道理，那就是：行动大于想法，完成大于完美。都说坚持不易，但更难的是开始。

◆ 1.3 ◆

美食手账不只有美，还有味道

生活节奏的加速特别容易挤压我们应当慢下来的吃饭时间，享受"色香味"成了一件奢侈的事情。不过我们每个人心里都会有这样一个角落吧，每天就那么一小段时间可以安安静静地做一顿饭、刷一集剧，让自己开心。这就是能让我们"满血复活"的烟火气。

我从 2018 年开始尝试记录全年的美食手账。每年都有一本美食手账！最开始时我只是用美食插画的方式去记录食物的样子，后来看到一些餐厅的菜单也开始用插画的方式展示给客人，发现手账居然也能当"美食地图"使用！相比以前单纯地画美食，现在更融入了一些探店的元素。比如某家店特色菜与推荐菜的"吃后感"、开店时间与整体评价等。我都会在手机里存下来朋友推荐的店、自己在网上搜索的店，找机会和朋友一起去，回来用笔去记录美食的味道，顺便还可以晒在网上。

因为喜欢画画，所以我的手账里手绘美食的出场率还是相当高的。我喜欢手绘带来的温度和成就感，还能在画的过程中回想起当时那道菜或那道甜品的味道，这样画起来就会更快、更开心，看起来也更"好吃"了！

美食可以通过照片、手绘等形式记录下来，但留住"味道"才是美食手账的灵魂！我自己琢磨的小技巧：一是颜色的饱和度可以略高一点点；二是多用暖色调；三是用高光来表现食物的质感。具体的绘制技巧会在后面一一分享给大家！

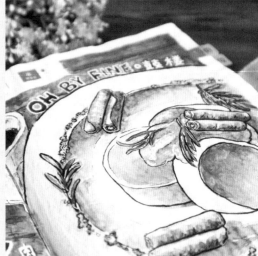

我自己用水彩颜料画一整页手账的时间为一个小时左右，包括了打稿、勾线和上色这三个部分。看到"一个小时"，你千万不要害怕，因为其中有很多时间都是用来等水彩颜料变干的，我会在等干的时间去写一些感想感受，或者播放几首喜欢的歌、刷刷微博，一点儿都不耽误时间！画面干了之后，我就会进行整个环节中喜欢的步骤了：描线和点高光！这两个步骤在我的手账里相当于灵魂般的存在，也是非常让人有成就感的步骤！

完成手账之后就是拍图，我主要用到的工具是手机和相机。因为手机比较方便，所以用到的频率比较高，我会选择在白天光线好的时候拍，这样拍出来的图片就会清晰明亮，颜色的还原度也很高，重点是可以给修图省很大的力气！

只要有愿望
你随时可以开始

就从今天开始，和我一起记录吧！

我最开始接触和记录手账的时候，还住在学校的宿舍。手边能用的只有为数不多的水彩笔、几块钱一卷的胶带和喜欢的几页宣传单。那时候觉得每天可以这样写写画画就超级开心了。

但是，我逐渐发现，计划毕竟赶不上变化，每天也不可能都按照我的想法过，所以每日待办事项绝对不是越多越好，而是把最重要的事情完成就好了。不要去抗拒变化，把它当作能带来惊喜的一种契机就不会有心理压力了。

手账让我开始学会掌握生活的走向，当你一笔一笔写下已经做过和未完成的事时，脚下的路也会变得宽阔许多。其实写手账的过程本身就是一种与自己和解的过程。在这个过程中，我们去尝试、发现自己喜欢的风格，给心灵解压，甚至接受从现在的"幼儿园"绘画水平开始进步。

我们写手账的目的从来不是"要完成给谁看"，手账做得"好"或"不好"也没有一个标准能衡量。它不是一种任务和压力，而是一种生活习惯与兴趣爱好，更是给自己的一份时光礼物。

网络时代让我更加珍视手写这种形式，无论过了多少年，我都可以一直保存着这份难忘的记忆，所以如果你能坚持每天为自己去记录，就已经非常非常棒了！那些工具和装饰也只不过是记录生活的调味剂而已，找到适合自己的才是最好的。

听说会画画的人都是行走的打印机？其实你也可以呀！手绘只是比其他的手账形式多了一分耐心和观察而已。画画是表达情绪的一种方式，我们都有表达自我的能力，因此更不用有压力。从简单有趣的东西入手，才是学习手绘技能的正确方式！

第 **2** 章

你想拥有的手绘技能根本不难

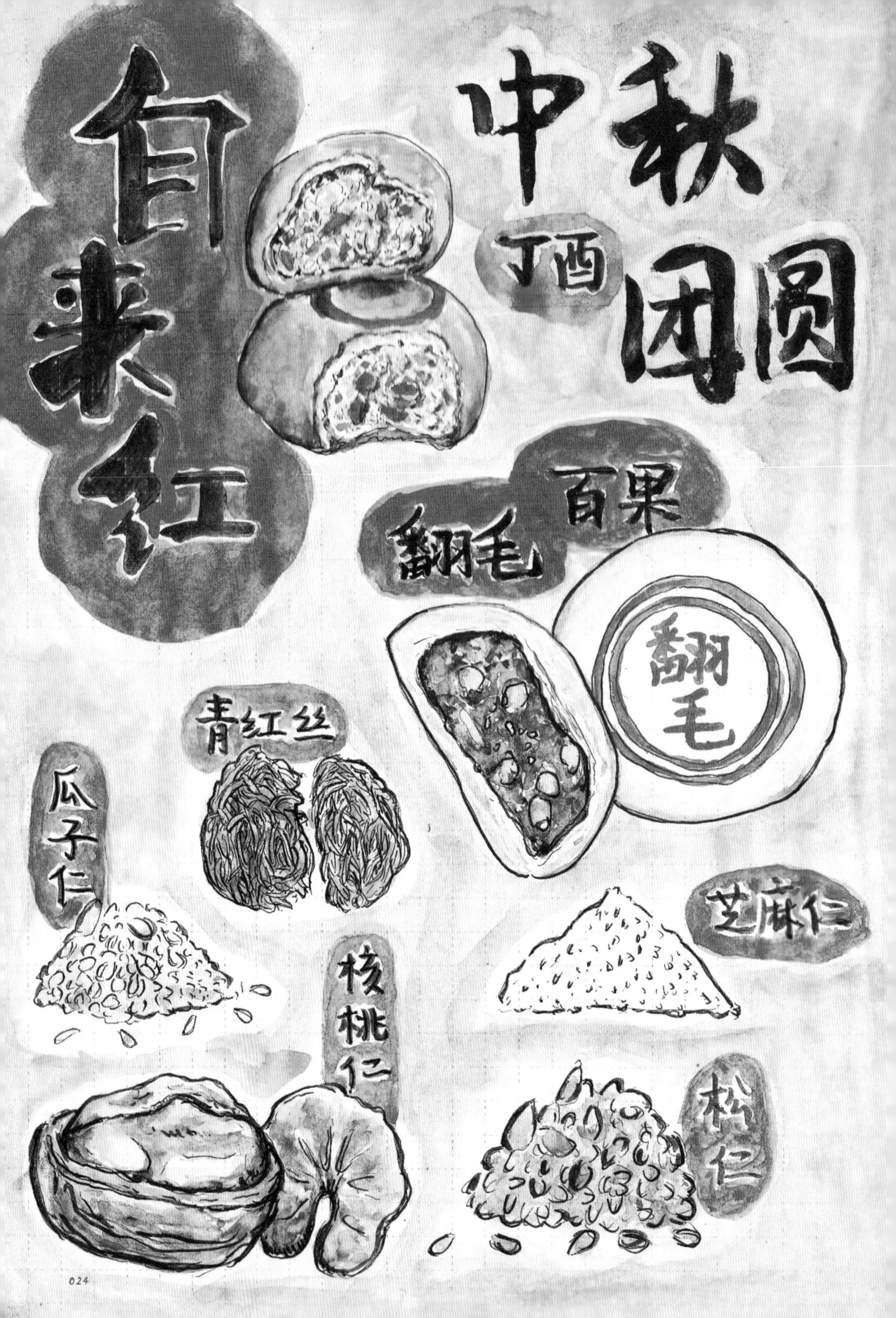

自来红

中秋

丁酉

团圆

百果

翻毛

翻毛

翻毛

青红丝

瓜子仁

芝麻仁

核桃仁

松仁

月饼

但愿人长久千里共婵娟

从小到大的味道

双黄

双黄

莲蓉

莲子

小枣

饼

北京稻香村

025

◆ 2.1 ◆
公开！我的手绘
工具图鉴

下面给大家详细地介绍一下我的手绘工具"大家庭"。

(A) 我用到的纸张和本子

　　我每天固定在用且随身携带的手账本目前只有一个，就是 Hobonichi 的 A5 一日一页本。它的内页是巴川纸，这种纸张的特性就是厚度薄还不洇水，在上面正常画水彩画完全没有问题。唯一一点不足就是需要在水彩干掉之后找重物放在本子上把它压平，不然本子会"炸"得比较厉害。

康颂和宝虹是我一直很钟爱的水彩纸品牌，物美价廉，效果也不比大牌的差。刚入门的新手选择木浆纸就够了，相对来说棉浆纸对用笔和笔触的要求稍微高一些，价格也贵一些，可以留到技术提升后再去尝试。另外，可供大家选择的水彩纸本的尺寸和样式也很多，建议从32开或者16开的本子练起，这两种尺寸的本子是我们平时比较常见的。

除此以外，市面上长方形、正方形、长条形和圆形的水彩纸都有，可以根据自己喜欢和习惯的尺寸去选择。用惯了长方形水彩纸的也可以换成圆形或长条形的水彩纸体验一下新鲜感！

⑬ 我的勾线工具：铅笔、勾线笔与高光笔

　　铅笔是用来给复杂的形状打草稿的。普通的自动
铅笔加上 HB 型号铅芯就足够了。当然，还要准备好
橡皮。

勾线笔和普通水笔最大的不同就是前者防水，上色时线条不会晕开，也有比较好的线条表现力。樱花是我最常用的一个牌子，我主要用到的颜色是黑色和棕色。黑色多用于画静物和食物的外轮廓，棕色则多用于画食物的细节部分。在型号上，我用得比较多的还是0.5mm和0.3mm这两种，粗的可以用于加深轮廓线，细的就用来勾勒具体细节。

说到高光笔，我一直以来用的都是三菱的这种白色高光笔。它的作用就是在所有绘画步骤都完成之后，给食物"打高光"。这是我特别喜欢的一个步骤，因为有了高光，食物看起来多了一层"亮晶晶"的质感，一下就变得更"好吃"了！比如汤类浮在表面的油光、炸物凹凸不平的光感和玻璃容器反射的光影等。

C 我的水彩颜料：视爵与荷尔拜因

　　我比较喜欢明快鲜亮、显色度好的水彩。所以我更喜
欢视爵和荷尔拜因这两个品牌。我现在的手账插画基本都
是用这两个品牌的颜料画的，可以看出它们的显色度都很
不错，而且颜色干掉后也不会太发灰，整体表现力让人很
满意。

030

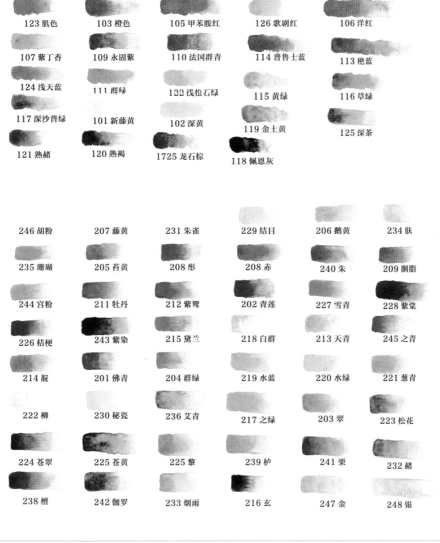

123 肌色　　103 橙色　　105 甲苯胺红　　126 歌剧红　　106 洋红

107 紫丁香　　109 永固紫　　110 法国群青　　114 普鲁士蓝　　113 艳蓝

124 浅天蓝　　111 群绿　　133 浅松石绿　　115 黄绿　　116 草绿

117 深沙普绿　　101 新藤黄　　102 深黄　　119 金土黄　　125 深茶

121 熟赭　　120 熟褐　　1725 龙石棕　　118 佩恩灰

246 胡粉　　207 藤黄　　231 朱雀　　229 结目　　206 鹅黄　　234 肤

235 珊瑚　　205 苔黄　　208 彤　　208 赤　　240 朱　　209 胭脂

244 宫粉　　211 牡丹　　212 紫鸳　　202 青莲　　227 雪青　　228 紫棠

226 桔梗　　243 紫染　　215 黛兰　　218 白群　　213 天青　　245 之青

214 靛　　201 佛青　　204 群绿　　219 水蓝　　220 水绿　　221 葱青

222 柳　　230 秘瓷　　236 艾青　　217 之绿　　203 翠　　223 松花

224 苍翠　　225 苍黄　　225 黎　　239 栌　　241 栗　　232 赭

238 檀　　242 伽罗　　233 烟雨　　216 玄　　247 金　　248 银

祝爵插画师版水彩颜料色卡 →

祝爵古彩国画水彩颜料色卡 →

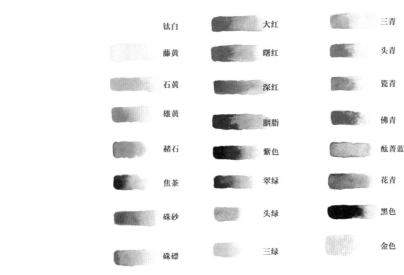

钛白　　大红　　三青

藤黄　　曙红　　头青

石黄　　深红　　瓷青

雄黄　　胭脂　　佛青

赭石　　紫色　　酞菁蓝

焦茶　　翠绿　　花青

硃砂　　头绿　　黑色

硃磦　　三绿　　金色

鲁本斯古彩国画颜料色卡 →

如果你是新手，想从颜色稍浅一些的颜料入手，那我很推荐樱花的固体水彩。它的性价比很高，颜色明快，饱和度适中。大家可以挑选适合自己的颜色数量，有 12 色、18 色、24 色、36 色、48 色等几种规格可以选择。建议初入门的小伙伴选择 18 色或 24 色，更能锻炼自己对颜色浓淡的把控与调色能力。这对我们后续画出复杂又高质量的美食插画可有大用处！

那管装水彩和固体水彩怎么选呢？其实这要根据个人习惯和画幅来定。管装水彩和固体水彩各有利弊，管装水彩的含水量相对较高，质地类似于膏状，比较适合画尺寸较大的作品。但它的体积相对固体水彩来说比较大，不方便随身携带，比较适合用于室内作画。而固体水彩正好相反，体积小且便携，很适合带出门写生。但它本身含水量很低，作画之前需要用含水的笔将颜料化开，其延展性稍逊于管装水彩的，比较适合用于绘制小幅的画作。

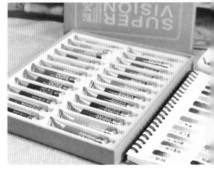

当然，你也可以像我一样，买一个空的水彩分装盒，可以把自己平时喜欢用的管装水彩挤在里面随身携带。

对于大多数绘画爱好者来说，入门用人造尼龙材质的画笔就完全可以满足多数的绘画需求了。至于像我们在网上常看到的松鼠毛、貂毛、羊毫、狼毫等材质的画笔，可以在有了一定绘画基础后慢慢尝试。因为柔软精致的材质，对技法和后续保存的要求就会相对高一些，在使用中也更容易损耗。

想要表达的内容和风格不同，表现出来的形态和感觉就是不同的，从而在绘画前对颜料及画具的需求与选择自然也是不同的。这些没有高低好坏之分，只是个人习惯和喜好而已。用你顺手的工具作画，画作才能好看。

这里就和大家分享我一直在使用的几支画笔，可以说兼顾了实用和高性价比的特点，希望对新手有所帮助！

"主力军"就是水彩画笔，我用的是华虹的短杆尼龙画笔，我买了一套，一共有7支。笔杆是棕木色，用着很顺手。型号从大到小，从大面积铺色到勾画细节都涵盖了。它价格相对亲民，而且笔的聚锋能力和弹性都很好。我自己平时的画幅不大，且一般用它来画美食和生活物品。最大号的用来上底色，中号的用来一层层铺色与过渡，小号勾线笔就用来画细节了，整体配合起来还是很棒的。

在画中国风水彩画时，我会选择用毛笔来上色。一是画起来更有感觉，二是毛笔画出来的笔锋与线条有着水彩画笔不可比拟的韵味和效果。从材质上来说，我会更倾向狼毫或者混合毛的材质。狼毫笔毛更硬，下笔时弹性更大，画起来相对于羊毫笔来说也能更好掌控线条的走向。我自己最常用的是秋宏斋的秀意和蒲公英系列。我用秀意毛笔来铺色和上色，蒲公英毛笔就用来勾线和描绘一些细节。

　　最后一种就是在外出旅行时会携带的自来水笔了。外出写生时带它真的超级方便。从形体上来说，笔身就是一个储水"肚"，捏紧放在水里吸一下就可以给画笔储饱水。然后用笔尖的水分去湿润与蘸取颜料，就可以作画啦。在需要更多水分的时候，只要挤压笔身，水分就会流到笔头，省去了一次次蘸水的时间。

　　曾经有小伙伴给我留言：主要是得有这样的手啊，只要会画，用什么笔都无所谓。我明白这种心情！但后来尝试了许多画具、画材之后，我倒觉得工具的最大作用就是帮助我们更好、更有效率地呈现出我们想表达的东西。开始画画的时候，我觉得自己买那么贵的画材就是浪费，结果一些便宜的呈现不出我想要的效果，更打击了我的自信心！

　　所以在水彩画材的选择上，我还是建议在力所能及的范围内，尽量选择好一些的，这会让你画画的体验感与自信心上升不止一个等级。

◆ 2.2 ◆
告别歪七扭八，
三个技巧画出准确造型

在新手入门的问题中，大家问得较多的就是线条不会画、画得丑、下笔没自信怎么办。我的答案很简单：多画！这种肌肉记忆型的练习真的需要持之以恒，三天打鱼两天晒网是绝对不行的。

下面就来说说怎么进行具体的练习吧！

<u>首先来谈谈线条的练习技巧！</u> 线条是手绘的基础，好比是画的"骨骼"。骨相好，皮相多数差不了。尤其对于人物、植物这类绘画对象来说，线条的形态直接决定了整张画的效果。

我比较喜欢把线条分为两类。一类是轮廓型线条，特点是较粗且较为平滑，例如像建筑物的轮廓线条。另一类是细节线条，特点是细腻、曲折有变化，例如花朵的花蕊、叶脉等纤细感比较强的轮廓线条。

越是长、粗的线条，绘制时越要用到手臂的力量。不然画出来的线条就很容易"断层"，没有一气呵成的流畅感。所以想要画稳就要带动手臂，尝试用大臂和小臂发力，手腕配合。这样画出的线条就会张弛有度、变化均匀了。

相反，越是具体、精细的线条，越要靠大脑的意识和手指间的力量去控制。大脑要不断告诉手：这个地方要慢慢画！那个地方要非常细！越是绘制细节的地方越要手脑并用。

这里给大家分享一个我自己觉得不错的"CBA"练习法，它是我练习画线条与手部力量的小技巧。之所以叫"CBA"，是按照练习的顺序来排的，简单好记。

我们只需要拿出一张白纸和一支笔，把"C""B""A"这三个字母当作三个简单的图案，以比平常写字慢一些的速度来分别"画"这三个字母。但在此过程中，线条整体要保持平稳流畅，直线尽量笔直，曲线尽量圆润。听上去很简单对不对？但是如果你是第一次做这样的练习，你就会发现：手怎么不听使唤了？直线总是画不直，曲线也歪七扭八的！

其实这样是非常正常的。这个练习的意义就在于刻意锻炼手腕与手指力量的配合，从而帮助我们的大脑集中注意力控制手部，提升线条的流畅度。大量的积累会让我们改变从前下笔的习惯，有意识地调整和把控整张画线条的走向，最终画出圆润、平直或顺滑的线条。

同时，这三个字母也可以组合成各种图案，用来练习平行、垂直、交叉等线条位置关系。当我们的练习次数积累到一定程度时，我们就会发现起笔落笔时手抖和不稳定的情况大大缓解了！你所画的线条会因为有手臂力量的控制而有一种流畅感，显得自然、不突兀。

练好了线条，我们就要在整体构型上下功夫了，也就是打草稿技巧。我的秘诀就是：要先见森林，再见树木。也就是说我们要先把所画对象的整体轮廓在大脑中的"纸上"定个位，再下笔。

很多朋友一上手就喜欢从一些细节的部分开始画，而且画得特别认真，每一个细节都画得很好。但是画着画着就发现：怎么这个位置跑偏了？画大了或者画小了？哎，擦掉重画吧！

细节是整体的具体表现，如果你习惯从细节位置开始画，也就意味着从开始就有画跑偏的风险，到时候再擦掉重新画就得不偿失啦。所以我们一定要先在纸上确定整张画中物品的位置，再来处理细节的部分。

如果某个细节总是画不好怎么办？这时候我的方法就是把画倒过来，重新对比观察，再下笔修改。因为这样观察会带给你不同视角的体验，从而纠正一些偏误。我经常会用这招，尤其是在构造一些复杂形态的物体时。

最后，我们要在练习中不断巩固这种手感和绘画思路。我认为最有效的办法就是临摹，尤其是临摹成熟的作品或名画。临摹的意义和好处就是你可以通过自己动笔，感受其他画师的风格、构图、运笔、配色等，体会这些画作的"精气神儿"。每一幅赏心悦目的画都是由无数个精致的细节构成的。细节的体现就在于这些点、线条、落笔笔法和颜色搭配上。这个"内功"是要靠自己"修炼"的，谁都帮不了你，但只要你肯付出耐心与恒心，作品会回报给你丰厚的奖赏。

脸红地举个不成熟的例子吧，下一页顶部的图是2017年的时候我临摹的局部《清明上河图》。虽然当时的笔触和画风看上去简单、稚嫩，但我自己利用业余时间画了几天之后，明显感觉空间感和对形态的把握能力都得到了提升。

最初起笔时，总画不好线条，景物的远近关系在我的笔下也变得很奇怪。亭台楼阁仿佛不在一个空间里，人物也歪七扭八的。最初我以为是国画的意境感和西方的透视感在"打架"。但越琢磨越觉得不对味儿，去查了一下才知道，原来《清明上河图》采用了"散点式"的构图与透视方式。画作本身的视角很多，视域很广，因而呈现出来的效果就像我们站在高楼上俯瞰世间百态。

临摹就像穿越了几个世纪去向大师学艺，不光练习了手感，也一步一步了解了名画背后的故事和理论知识。

在下一步画细节的时候，我就会相对细致一些。

告别下笔困难，两个练习画出完美线条

虽说练习线条是学习手绘的基础，但让一幅画吸睛是通过刻画一个个细节来实现的。

我来分享两个小练习，帮助大家轻松快速地绘制线稿，以后看到线稿也不用头痛啦！

第一个练习：S型线条！专治线条歪七扭八

喜欢画美食水彩的朋友都避免不了一个"坑"，那就是面条状的形状，不仅画起来麻烦，还很容易画失败。更让人郁闷的是这类形状出现的频率还不低，比如葱花、凉拌菜、点心上的花纹、肉片等。

不过作为一个合格的"吃货"和手账党，这点困难真的难不倒我！

接下来这个练习简单又有效！拿出一张白纸和一支笔，沿S型走向去画弯曲的线条。注意画的时候，每一条线尽量平滑，线与线的间距尽可能相等。

当然，在最开始练习时，我们的手肯定会控制不住抖动，线条也会像在蠕动的毛毛虫。千万不要因为短暂的练习还没达到理想的效果就放弃！你每画一条线都是在向一幅完美的作品迈进！

如果你已经觉得做这个练习非常轻松了，那么就可以试试加入一些笔力的变化来训练一下手腕和指尖的控制能力，譬如画S型线条时，弯到左侧时下笔重，弯到右侧时下笔轻。抑或是弯曲处重，水平线处轻，等等。这个练习的目的是让我们的手腕和手指灵活起来，不要僵硬。如果你在对笔的控制中能体会到"自由来去"的感觉，就是很棒的练习效果啦！

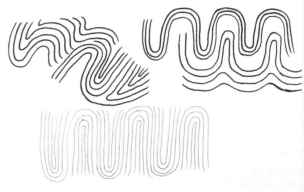

第二个练习：M型山峰！专治线条不生动

轮到有"棱角"的美食上场了，如小块蛋糕、刺身、豆腐、牛排、薯条等。这类食物的出场率很高，画起来也稍微轻松一些。但是要想画出生动感，光有直线肯定不行，我们需要在处理细节上多花点心思。

这类食物边缘轮廓的粗细并不是一致的，而是像小山一样连绵起伏，线条有粗有细、有尖有钝。呈现出这种效果会让线稿的层次感更丰富、更立体。那怎么才能做到呢？

不妨试试下面这组练习吧！

这组线条画起来相对比较自由，就像绵绵的山峦，整体走向没有严格的要求。但我们的目标就是画出山峰起承转合处的变化。具体来说，下笔重、笔尖停留时间稍长或重复描线都会加重线条的粗实程度，适合用在阴影交界处、建筑物或物品底部轮廓的位置。在线条转折的地方，如果要表现物体的凹凸感，可以适当在转角处回笔加粗，形成一个类似三角形的区域，尤其适合表现油炸食品的细节。

反之，下笔轻、笔尖停留时间短或笔尖稍微倾斜会使线条看起来更加轻盈纤细，适合用于勾勒颜色变化不大的食物细节部分（比如奶油的轮廓、米饭、肉、面包表面的皱褶等）、植物的叶脉、天空的云朵等。

这两者相互交替，来回变化，就能展现出一幅画的力量与柔美。

缤纷的色彩是美食水彩最吸引人的特质之一。但是总有一些细节看起来无从下手，比如玻璃杯的边缘和底部、食物之间的阴影，以及光感的表现等。

那现在就是"马赛克法"上场表现的时候啦！

"马赛克法"是什么意思呢？

这个方法也是我在画画的过程中突然发现的！去年我曾经尝试用平板电脑里的软件画画，在画一些细节的时候，我自然就会把画面放大，方便下笔。当放到最大的时候，我发现画面就变成了一个个小方块的组合！有一些在正常大小时看不太出来的颜色也看得一清二楚了。我突然意识到，无论看上去颜色多么复杂的物品，它本身就是由一个个色块拼接起来的，只要我们在上色之前先分清楚这些色块之间的边界在哪里就好了！

拿一个苹果举例，当我们看到它时，可以先尝试将"苹果"这块区域的颜色"自动分类"。只需要问问自己下面几个问题。

1.什么地方是最暗的？

2.什么地方是最亮的？

3.什么地方是"灰色地带"，不暗也不亮？

答案是靠近苹果底部的颜色是最暗的，中上部分凸出的地方最亮，剩下的部分处于两者之间，有一些颜色的过渡变化。

看！如果这个苹果是你要画的对象，那么它的颜色分布图已经像等高线地形图一样在你脑海里生成了！是不是一点都不难？

下面我们再来举一个难一点的例子！在绘制反光物品的时候（例如玻璃杯、陶瓷制品等），它不只有最暗、最亮和中间色区，还会有不同程度的次亮、次暗区存在。就相当于区分高光区和暗部后，还要在剩下的区域进行二次区分。但万变不离其宗，这时候我们不妨耐心一些，辨识这些色块是绘制成功的关键。

老话说，基础不牢，地动山摇。只有扎实的基本功才能帮助你在创作的道路上越走越远。所以你每一次的练习都不会白费，它们都是让你进步的阶梯。

第**3**章

我的美食手账秘诀都在这里

恭喜你马上要解锁我的手绘终极奥秘啦！这一章集合了日常手绘中大家提得最多的三大类问题：如何拥有立体感、如何塑造细节和具体的调色方法。如果你有这些"疑难杂症"，只要看完这一章，多多动手体会，相信问题都能迎刃而解！

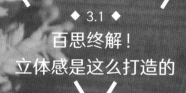

◆ 3.1 ◆
百思终解！
立体感是这么打造的

美食手绘想要画得好看又"好吃"，用四个字来说就是"舍得下手"！

你想要画得"像"吗？如果我们把画得"像"这个目标再具体化，其实就是塑造食物的立体感与层次感。所以我们可以通过改变明暗结构和上色习惯来解决。

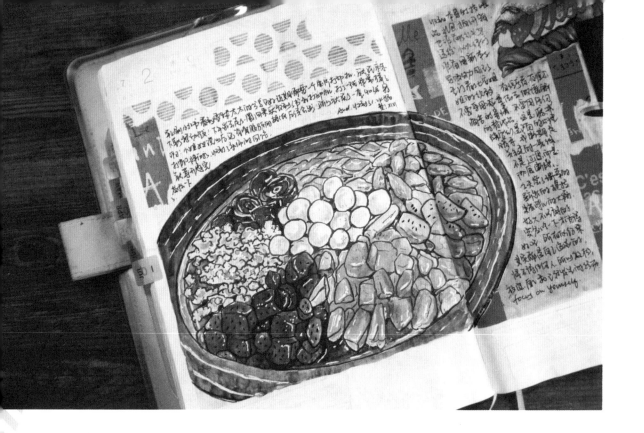

明暗结构

　　首先从整体结构上看，不够立体是因为画面中该暗的地方不够暗，该亮的地方不够亮。画面没有对比，自然没有立体感。而练就这门功夫，最快捷的方法就是不断地将笔下的画和原画或照片做对比，这样你自然就知道是哪里着力不够或者用力过猛了。

　　现在，花3分钟好好观察一下你最近临摹过的原图和你笔下画面的差距，肯定能列出个几条来！最大的秘诀就是耐心观察和反复观察，只有发现了问题，我们才能有的放矢。

　　如果想把基本功练得扎实一些，不妨从基本立方体的阴影练习画起。想一想，如果光线从不同位置照到一个物体上，应该有哪些地方亮、哪些地方暗？

　　这样的基础练习对你判断光影位置是有极大帮助的。练习得越多，你的"光感"自然就越敏锐。后续再借助高光笔和勾线笔对画面进行提亮和加实，那就是一幅完美的美食手绘图了！

上色习惯

从上色习惯来说，明暗对比没有凸显出来是因为上色的时候没有控制意识，收不住手，该浅的地方用色过深，该深的地方就凸显不出来啦。所以我们在画浅色部分的时候，脑海里一定要有意识：上色过程是不可逆的，一定要少量多次！

另外，阴影和高光是打造食物立体感的好帮手，但是判断不出复杂物体的阴影面和高光面也是很常见的问题。解决该问题的方法分为以下两步。第一步，判断光源的位置，找到高光的位置。物体凸出的部分大多是高光点聚集的部分。第二步，找到阴影部分。在与高光相反或对立的位置基本就是阴影处了。当然，食物的形状、质感都不同，因此高光与阴影的位置、形状也需要我们在具体画的过程中思考琢磨。

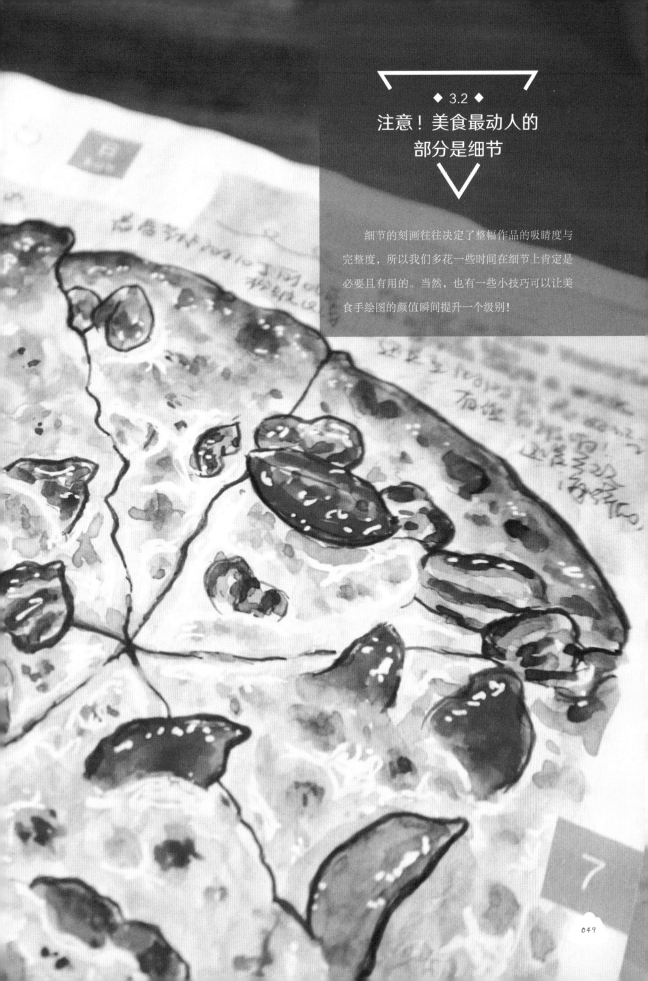

◆ 3.2 ◆
注意！美食最动人的部分是细节

细节的刻画往往决定了整幅作品的吸睛度与完整度，所以我们多花一些时间在细节上肯定是必要且有用的。当然，也有一些小技巧可以让美食手绘图的颜值瞬间提升一个级别！

对整体结构进行分解更容易精确塑形

　　当面对一个造型比较复杂的物体时，起稿时对临摹对象的细节进行"化整为零"的处理很重要。这样才能保证我们对整体形态的把握是准确的。

　　在下笔勾勒细节时，反而不需要百分之百还原物体的样子。因为我们不是写实画，所以只要抓住最关键、最能凸显物体特征的部分去描绘，就可以达到比较理想的视觉效果啦！

起稿时可以描绘出少量阴影

　　勾画阴影是打造物体立体感非常重要的一步。比如下面这幅画，在起稿勾勒轮廓时，我会先用铅笔大致划分出盘中的几个区域，再逐个填充细节。同时，我们不妨将阴影部分用线条轻画出来，最暗处甚至可以直接用勾线笔涂实。这样不仅能提醒自己突出物体的明暗，而且在上色时也会轻松很多，完成后也看不出太多草稿的痕迹。

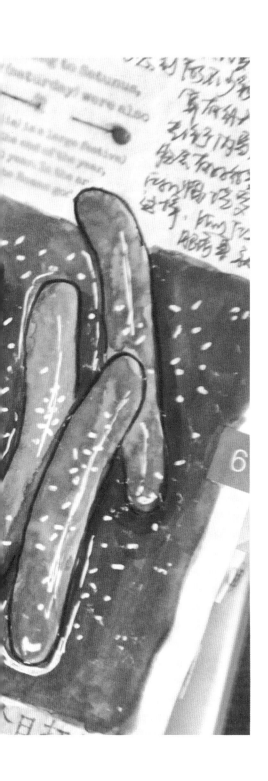

上色的时候不要怕色彩太鲜艳

很多时候，正是因为在关键的部分着色力度不够，颜料的饱和度没有显现出来，画面才显得灰蒙蒙的，没有立体感。尤其是在绘制物体的高光和阴影时，有时少量地用黑色和白色强调，会有意想不到的效果。

对于刚上手的新人来说，分辨明暗的最好方式就是直接观察，实物会告诉你一切！

◆ 3.3 ◆
常被忽略！关于美食
手账的配色方案

外行看热闹，内行看门道。漂亮画面的色彩组合一定是有其门道的。我们可以多看看时尚杂志的配色，看得越多，我们对色彩的感觉就会越敏锐，应用起来也就越熟练。

这里给大家分享我的三个搭配公式，简单易记，帮你轻松掌握画面的色彩搭配！

单色撑起一片天：纹理与色块的搭配

　　单色其实并不代表无聊和单调哦！同色调会给人一种整体统一的和谐感，它们一出场就彰显着独特的魅力：简约而自信，低调而坚定。这种搭配往往会在杂志的前几页广告中出现，也许是珠宝，也许是面膜，但的确格外吸引人的眼球。

　　实践证明，只要我们将不同元素组合在一起（比如色块、文字、线条等），哪怕是同色系，也会有很强的视觉冲击力！

双色撞色超好看：色环相对色

如果你对"色环相对色"这个概念还不是那么清楚的话，那么这三对经典搭配你肯定不陌生，那就是红绿、橙蓝和黄紫！

虽然都是视觉冲击力比较强的颜色，但可别小看这三对"CP"哦。只要比例运用适当，就可以搭配出简单又好看的画面！哪怕是红配绿，只要掌握好颜色的饱和度，也可以很好看。

搭配的第一秘诀是颜色的比例。两种冲击色可以一主一辅，也可以"平分秋色"，但整体画面的边界感要较强。

搭配的第二秘诀是饱和度。想增强高级感的话，就可以选取饱和度低、明亮度低的颜色，例如黑白色系、浅咖色与深蓝色、肉粉色与深橄榄绿色等。如果想增强活泼感，就正好相反，可以选取饱和度与明亮度较高的颜色，例如桃粉色与草绿色、葡萄紫色与活力橙色等。

12

所未見
好棒的冰淇淋
有些温温热
不能吃這種麻吊冰淇淋. 好辣中

MOjiTo

三色以上来混搭：一深一浅加亮点

很多时候，只要调色盘上颜色一多，大家就会眼花缭乱了。这时我就会拿出"小绝招"来搭配，即"一深一浅加亮点"。顾名思义，一个深色一个浅色，可以是同色系，也可以是冷暖色搭配，无论如何它们的对比度一定要大，譬如黑白、粉灰等。"亮点"即一个明亮度比较高的颜色，比如明黄色、玫粉色、金色等。这样的颜色组合可以有无数种，既百搭又不失活泼，大家可以随意尝试！

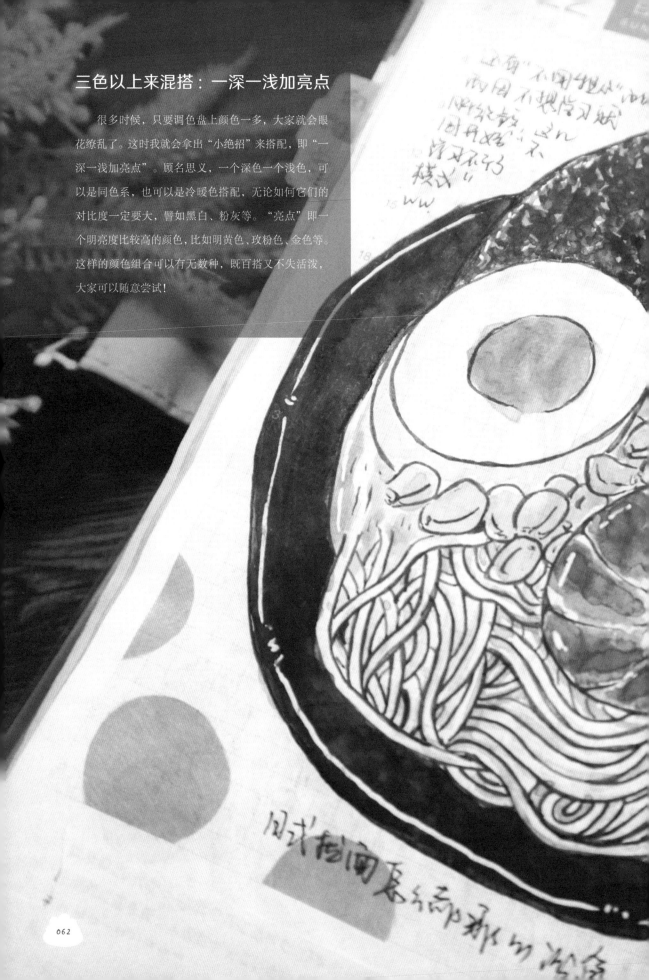

因为性情的影响同龄同住往期时
风波 里到的闷 也丝毫 说加个了人了
说闷里有更多先生同项有不比先这有
也玩 还有银为义献逗着 开妈没有丹股大纲 从高丹妈
细云深 又是一个新思路 人做
尚从来没有听过这样的
洪江和口红红之不泣
3月份何候
时间同就
重逢了
。

不同店里看

M
A
N
G

063

因为红色、白色与绿色的搭配（也是经典的圣诞配色）

图为黑色、白色与黄色的搭配。

THE CAFE BUSIN

BO

RC

2016/

Bei Ji

Cafes

CHI

CAFE

cu

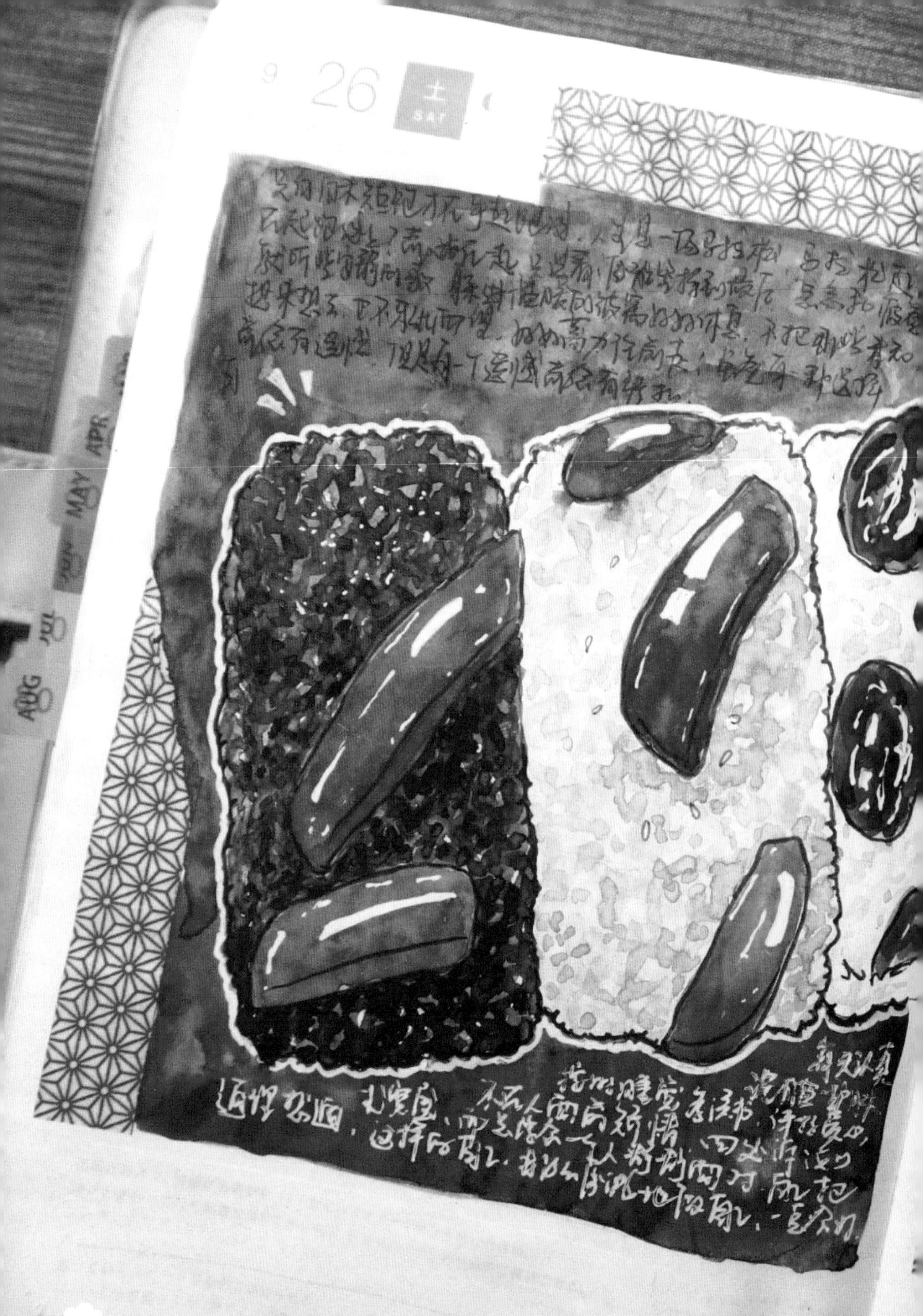
9 26 土 SAT
APR
MAY
AUG

下图为白色、深红色与黄色的搭配

我自己觉得这个"公式"非常好用，我们还可以用一些金属色来混搭！但要注意的是，用来提亮的颜色面积不要太大，点到为止，这样画面的观感就会很棒了。

只要你不断地尝试，就可以创造出属于你自己的令人惊艳的配色方案！

水彩画画面主要是通过调整水和颜料之间的比例产生的效果。水的多少及水的位置对于画作整体效果有着至关重要的影响。水少的地方，颜色浓；水多的地方，颜色淡。

别看它简单，这可是决定美食水彩画的质感的重中之重。

当我们先铺水再上纯颜料时，颜色会从中间向四周扩散，形成自然的晕染，就像上图中棕色、玫紫色的效果；而当颜色中本身水分较少时，我们滴上水，就会冲开颜色，形成水痕，就像上图中橄榄绿的效果。

左图这抹蓝色，过渡自然的秘诀就在于对画笔水分的控制。每一笔的水分一定要从多到少，画笔尽量不要中途再蘸水，这样画出来的画就自然多啦。

调色并没有大家想象中那么难，只是需要一点耐心，多去尝试。首先，食物本身的颜色调色比较简单，我们看到的食物是什么颜色，就去找相近的颜色，再加一些同色系颜色调和就好。

很多新手都头疼阴影怎么调色，这个问题也简单！色环里相对的颜色，像红绿、橙蓝和黄紫，叫作对比色（互补色）。这三对颜色分别混合起来，基本就能够满足我们对阴影颜色的大多数需求了！虽然阴影看起来是发黑的，但如果用黑色去画，画面会显得很脏，食物的"美味"程度也会大打折扣！

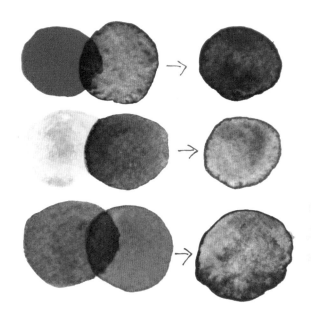

　　一旦要画阴影，我就会挑选三对颜色中的一对进行浓淡的调和。红和绿调来的颜色是偏棕的豆沙色，蓝和橙调出来的是偏灰的豆沙色，黄和紫调出来的就是最浅的豆沙色。在这个基础上稍微加入一点灰色或黑色，简直没有比这更自然的阴影色了！

　　好啦！绘制美食水彩最重要的"心法"我已经告诉你了，但更重要的还是你的练习与坚持。只有动手画一画，你才能发现其中的规律与乐趣。下一章我们就要开启"手把手"带你画美食的模式啦。我精选了有代表性的几类美食，只要耐心画下去，你就是"照片打印机"，以后绘制任何美食都不在话下！

　　准备好了的话，就拿起画笔开始吧！

这一章给大家带来四类日常食物的画法，包括水果与甜点、烹饪蔬菜、肉食和主食。这几类食物在生活中出现的频率较高，只要学会绘制它们的方法，你就可以举一反三，以后画任何美食都不是问题啦！

第 **4** 章

该你啦！一学就会的美食画法

水果与甜点

水果和甜点是我最爱画的对象。本节示例中的水果包含苹果、橙子和草莓，主要练习形状的准确塑造、明暗光线的定位与水彩颜料的自然晕染。本节示例中的甜点部分包含提拉米苏、奶油舒芙蕾与樱桃布丁，主要练习线条的变化、高光的运用与质感的塑造。

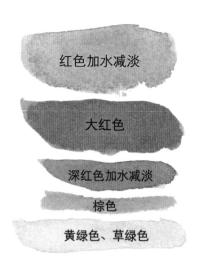

红色加水减淡

大红色

深红色加水减淡

棕色

黄绿色、草绿色

可爱苹果

为了方便小伙伴们上手练习，我把每个案例对应的颜色色卡也放在了案例开头。

①

① 用铅笔勾勒出苹果，其中画面左侧的苹果是切开的，右侧的苹果是完整的。再用针管笔勾线。苹果上方梗的部位和底部的线条可以粗一些。

② 上色之前需要先调好色，按照由浅到深的顺序来上色。用色卡中的第一个颜色——红色（加水调淡色）来铺底色。

③ 画笔蘸饱颜色，平涂在苹果上。在这一层颜料未干之前，用大红色加少许水晕染在苹果的左侧与底部（因为我们假设光线从右上方照射过来）。再快速洗笔，将颜色边缘耐心晕染开。

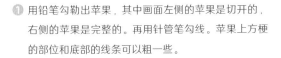

④ 上一层颜色干后，用深红色加水减淡，再次点涂在苹果的两侧与梗部边缘，范围比上一次晕染的要小。绘制叶子部分时，先用黄绿色打底，再用一些草绿色晕染即可。

⑤ 等颜料干了后，用勾线笔强调一下轮廓。

⑥ 用高光笔在苹果中上部凸出的位置画几个间距不均的小方块当作高光，这样就完成啦！

活力橙子

柠檬黄

橙色加柠檬黄

橙色加少许棕色

草绿色

① 用针管笔勾勒出近似圆形的橙子轮廓，对于切开的部分，可以先忽略果肉细节，画出大体形状。

② 用柠檬黄加少量水作为底色，画笔蘸饱颜料，平涂在橙子上。球体侧面的颜色浓度可以高一些，即阴影部分。果肉部分用柠檬黄平涂。

③ 调和橙色与柠檬黄，在左下方以点涂的方式上色，再用洗干净的、水分较少的笔将边缘自然晕染开。等画面干了以后，用橙色加柠檬黄调好的颜色，以画小短线的方式来填满橙肉的部分，表现果粒的感觉。

④ 等上一层颜色干后，再用橙色加少许棕色，以阴影部分为中心向四周加深一层。可以等笔干一些再进行擦涂，类似国画中"皴"的笔法。之后用少许草绿色填涂叶片。

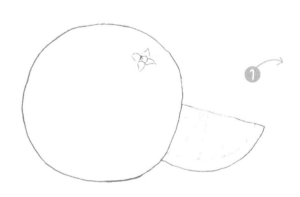

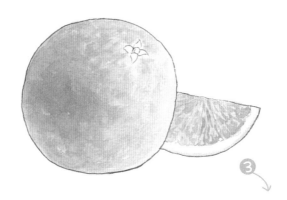

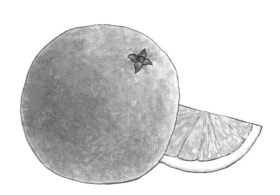

5 笔尖稍稍蘸水即可，用橙色加少许棕色再次在靠近边
缘的橙皮上耐心轻扫，表现橙皮凹凸的感觉。加深叶
片的颜色。

6 用白色高光笔在右上方点出高光的部分。绘制高光部
分时有点，也有线段，整体呈一个旋涡形状。

魅力草莓

① 勾勒出草莓的心形轮廓、草莓梗和叶子。

② 大红色加水减淡变为粉红色，把它作为底色平涂在草莓果肉上，在切开的部分画出纹路。

③ 水分干后，用洋红色加深草莓的下半部。用比底色深一些的红色加深切开部分的外边缘。

④ 用少许深红色加深草莓尖的顶部，自然晕染开。用黄绿色平涂草莓梗后，用草绿色加深中部凹陷处。

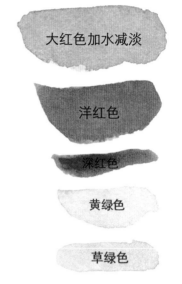

大红色加水减淡

洋红色

深红色

黄绿色

草绿色

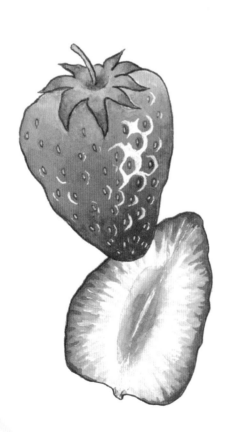

⑤ 用勾线笔画出草莓籽，它们大致呈网状分布。

　　再用草绿色加深叶子外缘。

⑥ 用高光笔围着草莓籽的凹陷圈，轻轻画上一条高光线。

　　有的部分相邻两颗草莓籽的高光线是交合的。这样

　　草莓的"灵魂"就有了！

　　　　以上三种水果只要改变一下颜色和形状，就可以变身为许多其他水果

　　啦。苹果可以变为樱桃、桃子、葡萄等表皮较光滑的水果；橙子可以变为

　　橘子、柚子等柑橘类水果；草莓虽然有些特殊，但对其形态的解构方法则

　　适用于很多复杂水果，如凤梨、树莓、荔枝等。

提拉米苏

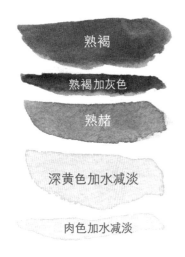

熟褐

熟褐加灰色

熟赭

深黄色加水减淡

肉色加水减淡

① 用针管笔勾勒蛋糕的外形，奶油慕斯边缘可以轻轻一笔带过，蛋糕底部和拐角处可以适当加粗。新手可以先画出一个立方体，再将其曲线化。

② 用熟褐画出最上面的巧克力粉层，中间最深，向四周减淡。然后继续用这个颜色平涂蛋糕底部。最后用色稍浓一些，点涂蛋糕中间部分。

③ 用熟褐加灰色以点涂的方式加深蛋糕的巧克力层。可以用一支更细的笔来点涂最上面巧克力粉的部分，中后部凹陷处颜色最深，前面凸起处颜色稍浅。

④ 将熟赭叠涂在巧克力层部分，加深温暖感。用深黄色加水减淡，笔倾斜一些，用笔侧画出奶油慕斯的切面。将肉色加一点熟褐点涂在蛋糕中间部分的周围，水未干前点涂少许棕色并晕染，这样奶油慕斯与蛋糕之间的融合部分就比较自然了。再用熟褐加灰色涂在蛋糕底部上方一层。

⑤ 用一支头较细的笔蘸取熟赭，轻轻点涂在奶油慕斯层，表现出抖落下来的巧克力粉；点涂在蛋糕中间部分的周围，增强蛋糕和奶油慕斯的贴合感。

⑥ 用勾线笔再强调一下边缘轮廓，用高光笔在表层和中部稍稍点涂一点高光就完成啦！

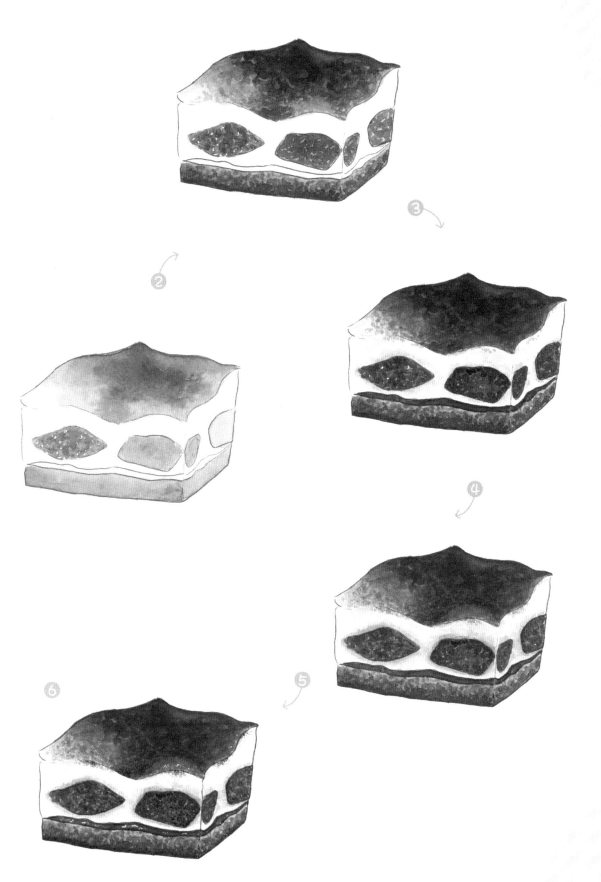

奶油舒芙蕾

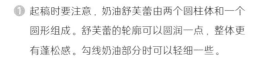

熟褐

熟褐加灰色

熟赭

深黄色加水减淡

肉色加水减淡

①

1 起稿时要注意，奶油舒芙蕾由两个圆柱体和一个圆形组成。舒芙蕾的轮廓可以圆润一点，整体更有蓬松感。勾线奶油部分时可以轻细一些。

2 将深黄色加水减淡后平涂在舒芙蕾的表面，水分未干前，再用土黄色加橙色晕染舒芙蕾的正面，表现出烘焙的微焦感。将熟赭与橙色加水减淡后涂在舒芙蕾的侧面。

3 用土黄色与橙色再次加深被奶油覆盖的圆面。用灰色加一点棕色，用水减淡后作为阴影色，用笔侧斜画在奶油上，位置大致紧挨着下方轮廓线，然后用清水晕开边缘。

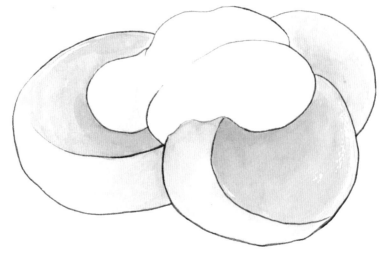

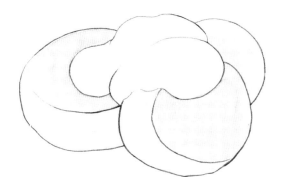

④ 用少许土黄色加深奶油下的阴影，再
　 用灰褐色加深一下奶油中的阴影。

⑤ 用高光笔在舒芙蕾上点涂上一些高光
　 就完成啦！

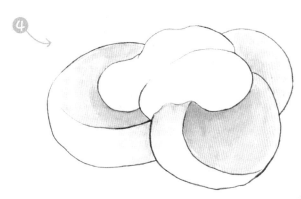

樱桃布丁

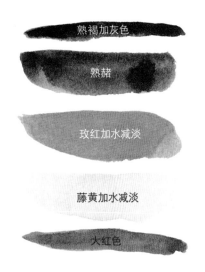

熟褐加灰色

熟赭

玫红加水减淡

藤黄加水减淡

大红色

1. 用勾线笔勾线。注意轮廓可以稍微粗一点，中间的分割线可以稍细一些。

2. 用熟褐加灰色填涂最上面的巧克力层，用熟赭作为最下面一层的底色。

3. 中间两层布丁分别用藤黄、玫红铺底色。将大红色涂在樱桃上。

4. 用水冲淡灰褐色，用来填涂樱桃和奶油的阴影部分，将布丁的每一层再加深一遍颜色。

5. 用浓度高一点的藤黄、玫红与褐色在布丁偏右部位画出阴影。

6. 用高光笔在布丁上画出高光线，Q弹与通透感就体现出来啦！

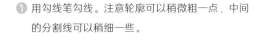

◆ 4.2 ◆

餐桌上的蔬菜

下面我将几种餐桌上的蔬菜料理的画法一步一步拆解
给大家看。片状食物、块状食物、汤类食物，以及阴影、
反光的具体画法和原理都会一一呈现。

爱美纤体沙拉：片状塑形练习

黄绿色加水减淡　　　　　柠檬黄

草绿色加水减淡　　　　　丁香紫

翠绿色　　　　　　　　　永固紫

深黄色　　　　　　　　橄榄绿加水减淡

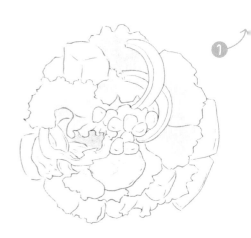

①

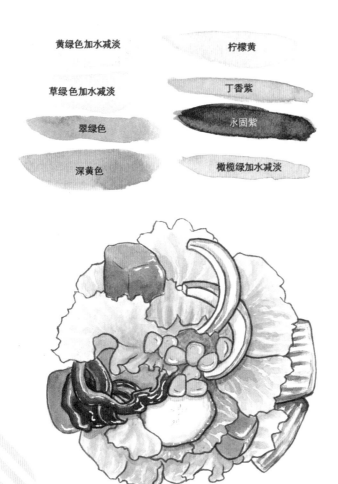

① 用铅笔起稿，用勾线笔勾线。要注意的是画生菜的叶片时不要太用力，绘制边缘时轻轻一笔带过就可以了，否则就容易显得死板，失去轻盈感。用黄绿色加水减淡，给生菜铺上底色。

② 给草绿色加水调成淡色，将其平涂在生菜中间比较深的部分。

③ 等上一层颜色干后，用草绿色画出生菜的叶脉纹路，其实只要像扇骨一样给一些经络留白就可以了。

④ 依照各种蔬菜的实际颜色，给南瓜、紫甘蓝、玉米粒

和洋葱铺底色（此处不详细介绍用色）。

⑤ 沙拉是层层叠叠的，搞清楚各种食材的明暗关系，就很好进一步加深颜色了。物体重叠越多的部分，阴影越重，在叶片与叶片交界处也容易产生阴影。用橄榄绿加水减淡来表现阴影，但要注意阴影的方向要大致相同哦！

⑥ 最后再加深一下轮廓，用高光笔勾勒出生菜叶片的部分叶脉，表现出蔬菜的"水光感"就完成啦。

百搭酱香乱炖：块状菜肴练习

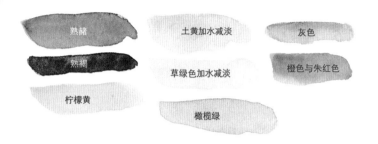

熟赭

熟褐

柠檬黄

土黄加水减淡

草绿色加水减淡

橄榄绿

灰色

橙色与朱红色

②

①

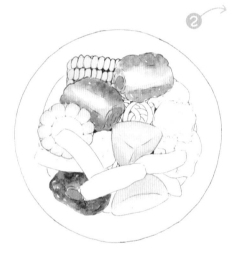

① 用铅笔起稿后，用勾线笔勾线。注意菜的外轮廓与间
隙的阴影会实一些。

② 用熟赭给排骨铺底色，两侧肉质颜色深，中间颜色浅。
用柠檬黄给玉米上色，用土黄色加水减淡给土豆块
上色。

③ 等上一层颜色干后再给其他食材上色，这样不容易串
色晕染。用橄榄绿给豆角上色，再将橄榄绿加水减淡
一些画出白菜的纹路。调和橙色与朱红色给胡萝卜上
色，再用土黄加水减淡给粉条上色。

④ 用熟褐加深排骨两侧的颜色，下笔时可以用点线结合的方式体现出肉质的纹路。再用调淡的熟赭加深土豆的阴影和汤的部分。

⑤ 等上一层颜色干了之后，继续增强颜色的饱和度。因为乱炖整体有一种"酱"色的感觉，所以可以用食材本身的颜色加上一些褐色去加深。

⑥ 用灰色调和一点熟赭作为食材中的阴影色和盘子边缘的阴影色，再强调一下轮廓边缘。

⑦ 用高光笔点出食材上的高光就完成啦！

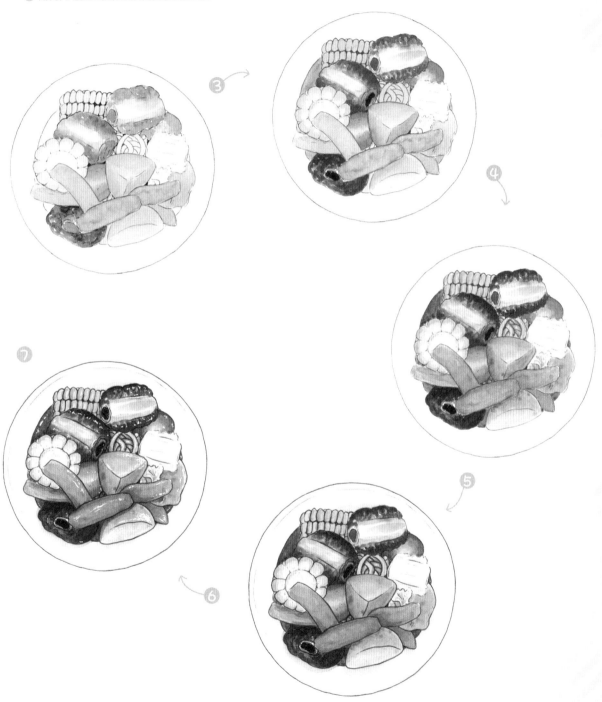

灵魂番茄巴沙鱼：光感汤菜练习

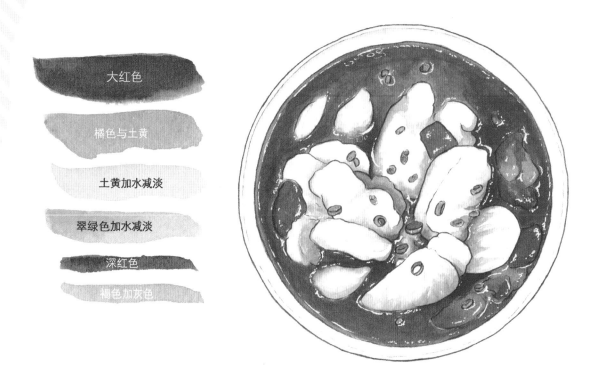

大红色

橘色与土黄

土黄加水减淡

翠绿色加水减淡

深红色

褐色加灰色

① 起稿。因为汤菜有隐隐约约的朦胧感，所以在起稿的时候，中间露出的鱼的部分线条要虚一些、轻一些。

② 用大红色给汤汁铺底色。笔上可以先蘸满水，平涂在汤的部分，然后再用大红色自然晕染开。

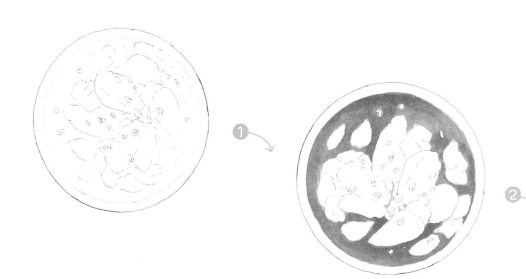

❸ 上一层颜色干了后，继续用颜色浓一点的大红色来加深碗边和巴沙鱼附近汤汁的颜色。用少量橘色与土黄绘制西红柿的部分。

❹ 在大红色中加入深红色，继续加强汤汁的浓厚感。将土黄加水减淡一些，在巴沙鱼周边上色，打造被汤汁染上的阴影感。

❺ 用大红色混合一些灰褐色，再次加深巴沙鱼与汤汁接触的部分，这样就能体现出立体感啦！

❻ 再次用勾线笔加强一下轮廓，用棕褐色加水减淡当作阴影色，绘制碗的边缘；然后用翠绿色给葱花上色。

❼ 用高光笔点出反光的部分，这也是巴沙鱼和汤汁的灵魂！注意高光一般会出现在汤汁的边缘和凸出物的中央。我们一定要耐心，用点画的方式添画高光会比较自然。

◆ 4.3 ◆

让人大快朵颐的肉食

我最爱的火锅：片状肉练习

洋红色加水减淡

大红色加水减淡

肉粉色加水减淡

熟褐加水减淡

土黄

① 这一张线稿相对来说比较简单，需要我们把外形轮廓勾勒出来，通过水彩颜色来表现细节。

② 依次用肉粉色加水减淡与洋红色加水减淡（或混合也可以，看你自己的喜好），放松手腕，以随意的方式用笔在肉片上"扫"出一些不规则的色块。一定不要太认真地去想色块的形状，随性就好，这样才能拥有自然感！

③ 按照这样的方式绘制完成盘中剩下的肉片。尽量让每一片肉的纹路都不太一样，也要注意有一些留白。

④ 把全部肉片的底色铺好后，用大红色加水减淡一些，来逐层加深肉质的明暗变化。每一片肉两侧的颜色会深一些。

⑤ 用细一些的笔蘸取大红色，细化一下肉质的纹路，加深一下部分被盖住的肉的阴影。

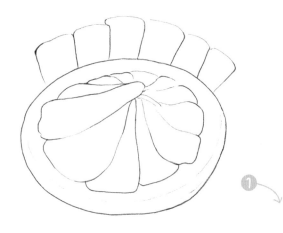

⑥ 用土黄给盘子添加底色，然后趁水分还没干的时候，在边缘
  处加入一些熟褐，让它们自然晕染开，打造一种木纹的质感。

⑦ 用勾线笔加深盘子的轮廓，用高光笔在靠前的肉片上点一些
  高光，增加肉质的光泽感，这样就完成啦！这种方法适合绘
  制任何片状肉，也可以按你的喜好改变肉的造型与颜色。

熟赭

熟褐

洋红加水减淡

翠绿色

大红色

土黄加水减淡

① 因为牛排的质感整体比较厚实，所以在起稿勾线的时候，可以把牛排边缘勾勒得稍微粗实一些。

② 铺底色。用熟赭加水减淡一些，然后用画"短线"和"点"的方式来画牛排表面的肌理。放松随性地画就可以啦。

③ 用熟褐加深牛排两侧的颜色。也是同样的笔法，随意地画"短线"和"点"。再用洋红加水减淡，涂在肉的内侧，越靠内侧，颜色越深。

④ 蘸取熟赭，用画"短线"的方式再加深一下牛排的内侧。用翠绿色加水减淡，以点涂的方式画西兰花的底色；用大红色与土黄画圣女果。

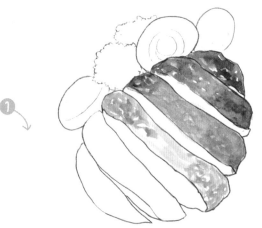

⑤ 用熟赭加一点点灰色，小面积加深牛排边缘部分。用土黄加水调淡来画口蘑的部分。再分别用翠绿色和红色加深西兰花和圣女果的阴影部分。

⑥ 再次用勾线笔加强牛排的边缘轮廓，勾勒一些小纹理以突出牛肉的质感。

⑦ 最后一步就是加上高光啦！牛排上的高光是由点和短线组成的，主要排布在每一块牛排的边缘两侧。点上高光，牛排马上就有质感了！

土黄加柠檬黄

熟赭加土黄

熟赭

肉色加水减淡

① 炸鸡的线稿和牛排的有一点点类似，但是炸鸡边缘的
　"棱角感"会更重一些。

② 用土黄混合一些柠檬黄，加水调淡一些。以画色块的
　方法来给炸鸡铺底色，以凸显炸鸡的颗粒感。

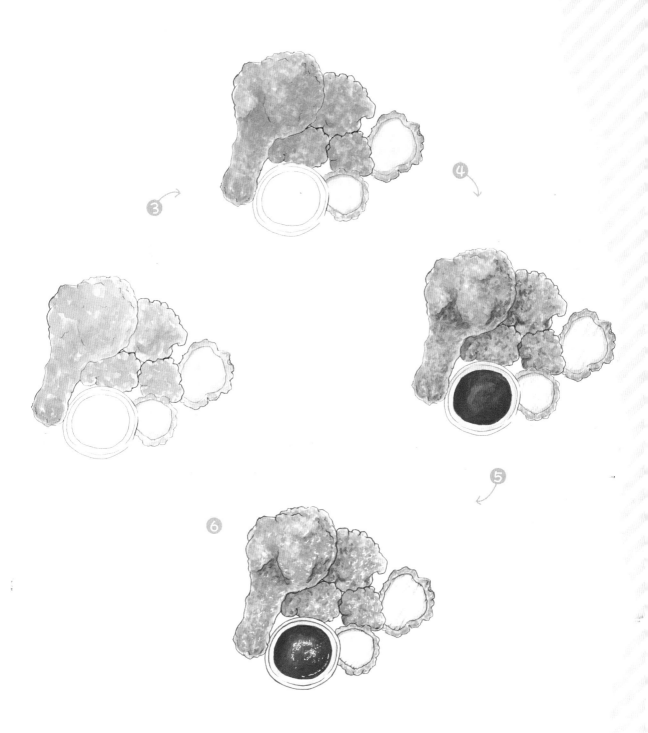

③ 等上一层颜色干了后，再用土黄色加柠檬黄，以同样的笔触加强炸鸡表面的凹凸感。再用肉色加水减淡，以画线的方式轻画出鸡肉内部的纹理。

④ 用熟褐加土黄加深炸鸡表皮的暗部与凹陷处，还是用点涂的方式。

⑤ 用熟褐以点涂的方式点画鸡腿的凹陷处，画出自然的阴影。将大红色涂在番茄酱上，边缘的颜色可以稍重一点。

⑥ 再勾勒一下炸鸡凹凸的轮廓，再用高光笔给炸鸡和番茄酱点上一些亮光，就完成啦！

◆ 4.4 ◆

无碳水不欢的
主食

土黄

橘色加一点熟褐

柠檬黄

熟褐与灰色加水减淡

能量担当咖喱饭：颗粒质感练习

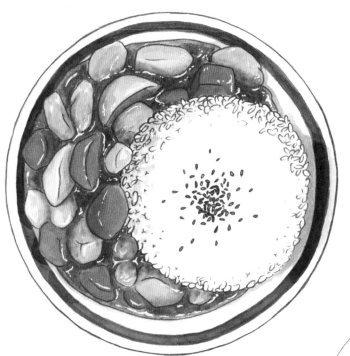

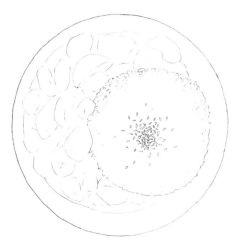

❶ 勾勒线稿。部分咖喱汤汁会没过一部分食材，所以下
笔时线条可以轻一些，体现出朦胧感。另外，部分米
粒的边缘比较清晰，所以适当勾勒一下米粒，逐渐向
中心减少。

❷ 用土黄填涂咖喱的颜色。食材间隙的颜色可以浓郁
一些。

❸ 用橘色加一点熟褐来表现胡萝卜的颜色，用柠檬黄来
表现土豆的颜色。熟褐加一点灰色再用水调淡，放松
手腕，用画线条的方式表现鸡肉的质感。

④ 等这层颜色干了后,再加深一层颜色,凸显咖喱的厚重感。

⑤ 用蓝色画出盘子的边缘。用熟褐加一点灰色再加水调淡,点画出米饭的颗粒感和映在盘子上的阴影。

⑥ 勾勒轮廓,用高光笔在食材和汤汁上点画出高光就完成啦。

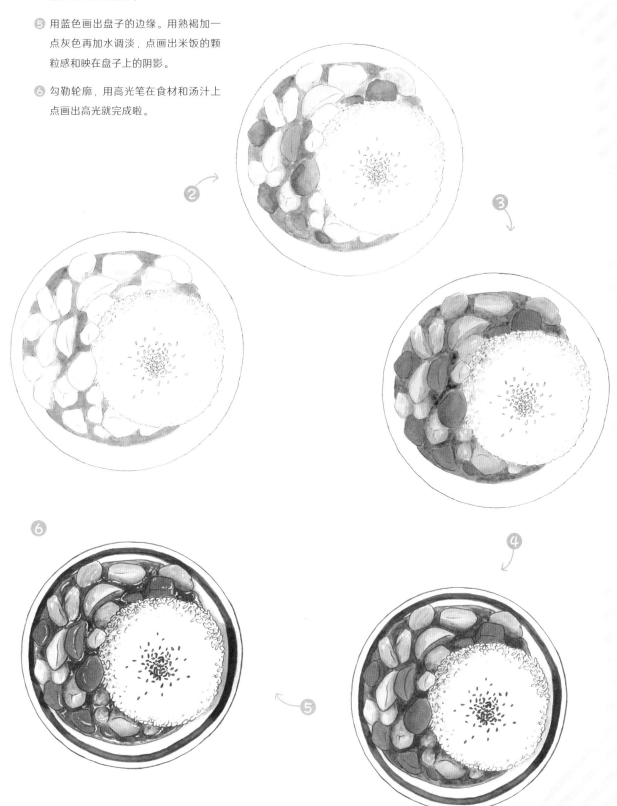

清新担当豚骨拉面：柱形线条练习

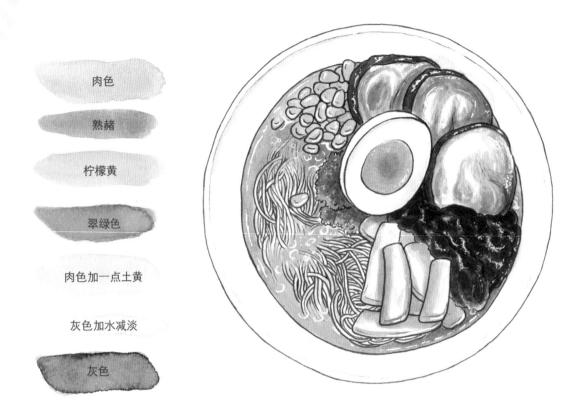

肉色

熟赭

柠檬黄

翠绿色

肉色加一点土黄

灰色加水减淡

灰色

① 勾勒线稿。前面我们已经讲了面条的画法，如果手抖，可以先用铅笔轻画出草稿。因为有汤没过面条，所以线条要虚一些。

② 用肉色混合一点熟赭来画肉片的底色，将柠檬黄平涂在玉米粒上，在蛋黄中轻点一些橘色，将翠绿色平涂在西蓝花上，用土黄色平涂笋干。

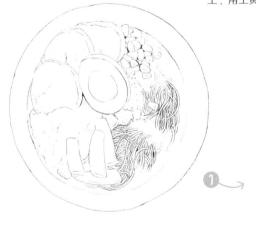

①

②

3 将肉色加一点土黄平涂在汤上。将灰色点涂在紫菜上，画出紫菜表面凹凸的感觉。

4 颜色干后，用土黄加深汤汁部分的颜色，用熟赭加深肉的边缘，灰色中可以加一点黑色以加深紫菜的凹凸感。

5 为各部分添加细节。以短线的笔触画出肉质的纹理；

加深汤汁表面和配菜的阴影，并且加深紫菜的暗部。勾画盘子的边缘，并用浅灰色给盘子的边缘上色。

6 再次勾勒轮廓，并用灰色加水调淡来表现碗边缘的阴影。

7 用高光笔在肉片、玉米粒、汤汁边缘与紫菜上点上高光！

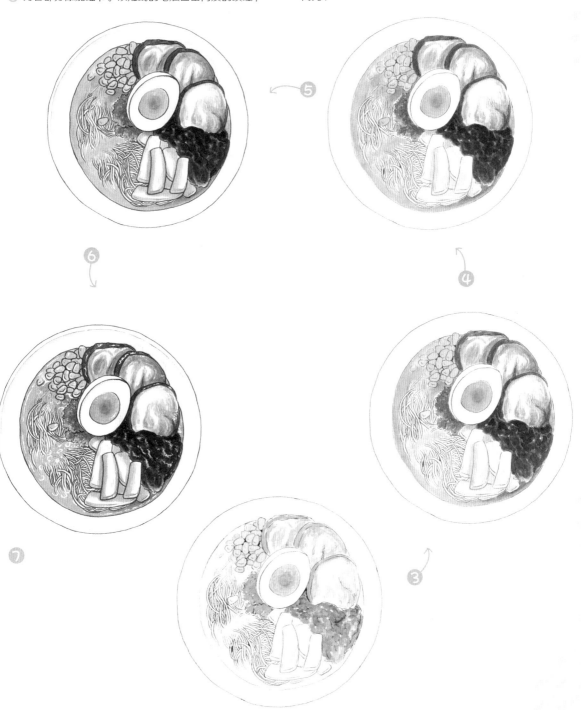

气氛担当八宝饭：朦胧色泽练习

深红色

橄榄绿

灰色加水减淡

土黄加水减淡

深红色加熟赭

① 这幅画因为细节比较多，要表现米的颗粒感与果仁的凹凸感，所以需要多一些耐心。在画外轮廓时，线条可以粗实，但在画八宝饭上的果仁和米粒时要轻一些、线条细一些。

② 用深红色、土黄等给八宝饭上的果仁上色。用点画的方式而不是平涂来体现质感。

③ 加深果仁部分的颜色，用橄榄绿平涂瓜子，用深红色平涂葡萄干的部分。用土黄加水减淡来加深果仁周围糯米的颜色。

④ 用刚才绘制糯米时使用的土黄加水调淡继续勾勒底部的糯米，表现出凹凸感。继续用线条耐心地细化果仁的表皮。

⑤ 用土黄加水调淡，在八宝饭侧面点画出部分米粒。用灰色加水调淡，画出盘子边缘的阴影。

⑥ 勾勒外部轮廓与果仁部分，并加深盘子边缘的阴影。

⑦ 用高光笔"点亮"枣、葡萄干和核桃等的反光部分，并再次加深盘子上的阴影，一份超喜庆的八宝饭就完成啦！

相信通过持之以恒的练习，你一定可以举一反三，解锁更多食物的画法！

芋泥黑米欧包

1 6 月 MON

芋

TOUS les JOURS
多乐之日

原味法棍

核桃葡萄裸麦切片

逛
up at the sky!

TOUS les JOURS
多乐之日

hed to see you laughing as you look

相信有很多人喜欢上手账的理由，就是其花花绿绿的贴纸、各式各样的小机关和层出不穷的拼贴花样吧！我们如果能把生活中的各种材料都利用起来，就可以开心地玩转手账，展现属于你的不一样的风格！

下面我们就一起学习其他的技能吧！

第 **5** 章

我们还能这样开「脑洞」

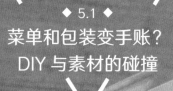

要说能做美食手账的素材，我首先想到的就是餐厅的菜单和各种包装，因为方便剪裁，拼贴效果也好，而且不同的餐厅有不同的风格，菜单或者图案的样式也就各有特色。

盐碱地鲜番茄 ...
香草油炸罗勒叶 ...
Alkaline soil tom...
black garlic balsa...

红葡萄酒配红肉，红酒的单宁柔顺，使肉质与蛋白质结合可使单宁柔顺，使肉质更加细嫩。

白葡萄酒配白肉，适合搭配清淡的白肉如海鲜、鸡肉。白葡萄酒中酸度可去腥味，并增加口感的清爽。

甜白葡萄酒配甜点，半甜的酒和甜酒搭配甜品，会让你不仅感觉到甜品的曼妙，也可以感觉到酒的甜美。

OPEN

建议搭配：文兰度干白葡萄酒

芝士
黑醋

e one

酒水建议搭配：朗格多克区AOP-风味精醋

如果你很讲究，那么一顿晚餐，特别是一顿西
餐，需要搭配不同口味的葡萄酒
上酒的顺序一般由清淡的白葡萄酒
葡萄酒
再到微甜的贵腐酒，同时年份轻的酒到醇厚的红
总之，要口味清的在前，口味重的在后，年
不能让前面红葡萄酒的味盖住后面红酒的味
当然，如果你不是太讲究只想点一瓶葡萄酒
那么根据主菜决定是红还是白。

"CONTINUE TO REINVENT. KEEP THINGS MOVING AND CHANGING AND GROWING"

寒露 节气

平时懒得画画或者时间不够用时，我都会选择直接剪贴素材，然后配以文字。

当然，单纯的剪贴素材可能会有些枯燥，这时候我就会搭配一些小工具来使我的手账画面丰富起来！从使用率和便捷度来说，我最常用的是胶带和印章。

首先来说胶带，因为它的样式很多，我们可以直接利用它贴出不同的图案。比如拼贴背景、当作边框装饰、组合出不同的场景等。

第一种玩法，用不同的胶带拼贴边框。我们只需要把两种（或以上）样式的胶带一节一节用手撕开，然后错落地拼贴成边框即可。我们还可以使用各式各样的小装饰，打造各种各样的风格。比如图中棕色系胶带可以混搭出复古感，植物类胶带可以贴出花园的感觉，蓝色系胶带可以贴出星空海洋的感觉等。

第二种玩法就要打开脑洞，用胶带组合出不同的图案。根据要打造的手账风格挑选相应的胶带，拼贴出一些图案来呼应整个手账的氛围感。

我经常贴的就是图中这种花卉类的图案。

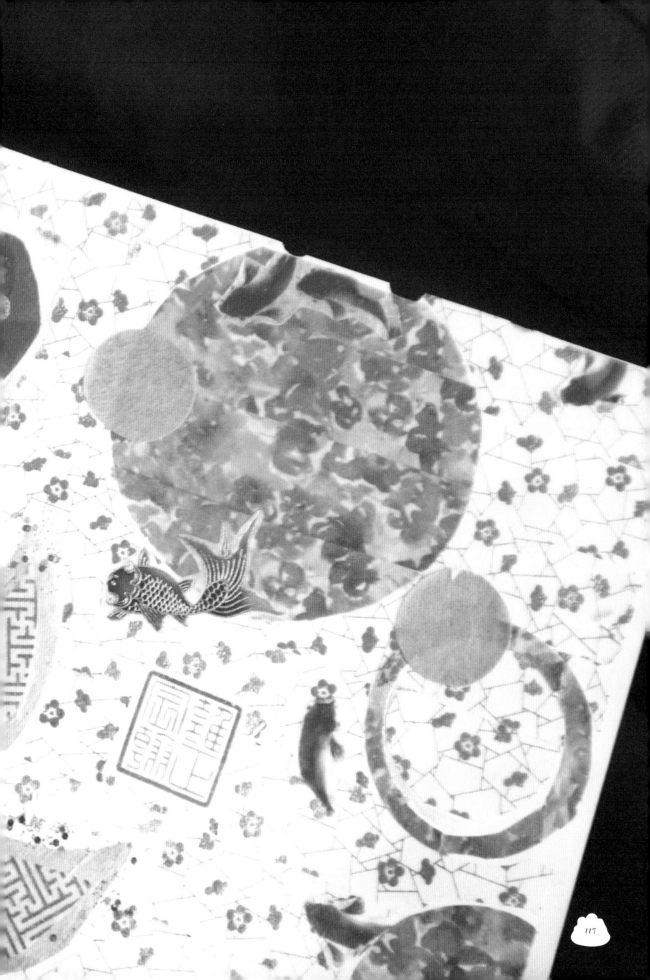

那么从哪里去挖掘这些"脑洞"呢？

我的答案是：从多看入手，找到你喜欢的拼贴类型后加以模仿，慢慢就会形成自己的"脑洞"储备了。我曾经在游览故宫时，看到了那些文物上面的龙、凤、锦鲤等纹样，突然脑海中就闪现了一种灵感：这些纹样能不能用胶带贴出来？

我找来一些图样，对着它画出一个大概的轮廓，再用红色系胶带贴在鱼身和鱼头作为底色，最后用美工刀一片片裁出锦鲤的鳞片贴在鱼身上，稍加装饰就完成啦！虽然全部过程大概用了一个小时，但我想说的是，无论多么繁复的拼贴图案，都是从基础的形状开始贴起的。所以我们一定要多一些耐心，从小面积的局部图案开始创作，

慢慢培养自己的想象力和布局意识，好作品就会向你招手了！

　　我也会用各式各样的印章来提升画面的美感。我是一个印章迷，尤其喜欢超级百搭的文字类印章。不过近几年相对于木质印章，我更偏爱使用硅胶印章。

　　硅胶印章的形状是扁平的，而且有弹性，只需要搭配一小块亚克力板就可以使用，非常轻巧，好收纳。每次使用完，我会直接把它们收纳在文件夹里，翻看或寻找想要的图案都十分方便。所以如果你的收纳空间有限，又想多一些选择，那么硅胶印章就十分适合你。

　　印章的使用方式除了直接使用印台印出图案，还可以用颜料给印章图案填色，这样看上去就像是用水彩颜料画出来的，也可以打造出很多好看的渐变效果！这样就给平平无奇的印章增添了许多花样和效果，也省去了一笔一笔绘制的麻烦。

　　当然啦，喜欢 DIY 的小伙伴也可以在闲暇时自己动手做一些小素材，这样既锻炼了创造力，又拥有了世界上独一无二的素材样式。

CUSUMANO CATARRATTO DOC

库舒曼诺卡塔拉托干白葡萄酒

IGT - Sicilia - Italy

西西里岛典型产区 —— 意大利

淡草黄色水果与地中海气息，甘草、

异域果香和蜜糖柑橘。顺滑，清新

口感集中充满矿物质风味。

建议搭配所有的最新开胃

little by little

18

123

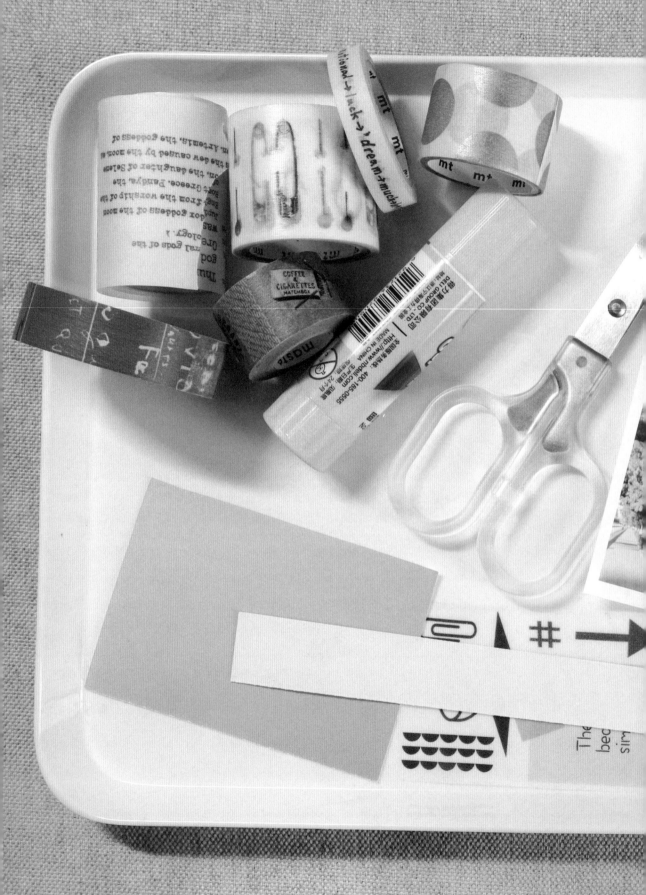

手账变机关？一学就会的网红小手工

你有没有过这种日常情况，看了网上各路大神的小机关视频却是"脑子会了，手不会"？羡慕之余总想动手试试却总是中途放弃？其实只要我们掌握好了尺寸、比例，做小机关并不难。

那接下来就是见证奇迹的时刻！一起动手做个"超级网红"——照片瀑布卡吧！

动手做照片瀑布卡吧

照片瀑布卡是以"拉动翻滚"的形式来展现照片的，在相册类手账中特别受欢迎，也是很多手账爱好者的"入坑之作"。一般照片的数量在 3 ~ 5 张，大家也可以增减照片的数量。首先我们来看看要准备哪些工具吧！

1. 硬纸板：5cm×6cm 一张，6cm×6cm 一张，2cm×14cm 一张（克重为 120g 左右，也可以用包装纸盒代替）。

2. 4 张尺寸（5cm×6cm 左右）一致的照片。

3. 剪刀、胶棒、铅笔和你喜欢的装饰品（纸胶带、贴纸等）。

第一步：把照片先放在卡纸的一端，四边留出一些边缘，然后在照片上方用铅笔画出一条线作为折叠线，再以 1cm 为间距依次向上画出 3 条线作为折叠线，也就是卡纸上共有 4 条间距相等的折叠线。

第二步：以画出的这四条线为准，每相隔 1cm 留下折痕，共需折出 5 条线。以离卡片首端最远的一条线为轴，向后折叠。

第三步：用你喜欢的胶带、贴纸等装饰照片，四张大小一样的照片即可。

第四步：在照片上方画斜线处涂胶，再将照片依次粘贴在涂好胶的折叠线间距处，贴好后就是上方右图这样。

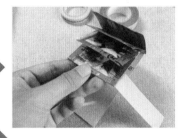

第五步：固定牵拉的部分，把准备好的纸条（2cm×14cm硬卡纸）放置在最后一张照片的底部并粘贴，然后向后折叠并粘贴纸条重叠的部分。

第六步：将小底板放在主体照片板的后面，与纸带粘连即可。小底板可以直接粘贴在本子上，活动时只要拉动与照片相连的下方卡片就可以实现瀑布效果啦！

怎么样，是不是没有你想象中那么难？在此基础上，我们就可以随心所欲地装饰、改造手账了，乐趣无穷！

"脑洞"这么开？灵感不竭的心得

　　我们的灵感会在某个不经意的瞬间突然迸发出来：也许是在抬头看晚霞的时候，也许是旅行时偶然间的邂逅，也许是对生活的不同经历和感受……

　　即便生活的本来面目就是朝九晚五和一地鸡毛，但只要我们细心品味，还是可以发现记录生活的乐趣和魅力！下面就和大家分享我的一些实用方法和灵感来源。以后想写手账就翻翻看，相信你也可以灵感不断！

首先是排版!

让我们试试自由变换页面比例吧!

对于排版来说,如果有容易上手且百搭的模板就不用消耗太多脑细胞了。只要记住下面的方法,你就可以拥有多种排版方式啦!

虽然每一页手账的幅面是有限的,但我们可以改变左右页面"对半分"的固有思路,对整个页面进行重新划分。就像七巧板一样,页面其实有各种各样的分割、组合方式。我们完全可以用"三七分""对角分""上下分"等来解决排版问题。当然,除此之外,我们还可以尝试划分成不规则的形状。这样不仅给人眼前一亮的新鲜感,而且会有更大的创作空间哦!

下面讲几种常见的页面划分方法。

Ⓐ 田字格式划分

这样的排版方法简便快捷,清晰明了,相信大家一看就能马上上手。虽然页面被分成了四个区域,但是我们可以调整上、下、左、右四个矩形的面积,也可以像图中这样用色块划分区域。

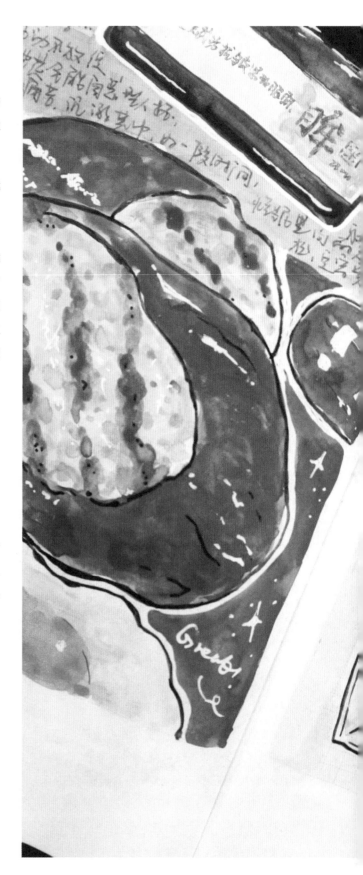

13 中心式划分

如果想突出某个内容，我就会把想要突出的内容作为主角，其他的配角们依次缩小，这种排版方法也特别适合美食类手账。

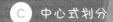

C 中心式划分

看腻了横向的排版，不如换换感觉，像这样，背景用竖条的形式来体现，不仅很有新颖的"杂志风"感觉，也更加能凸显出主题内容。

8

 owers are so incen
I was too young
ow how to love he

C

UTPOST

D 自由随意式划分

如果是外出旅行，大多数时候，我们需要"就地取材"来完成当天的手账，所以我会根据当天随机获得的装饰纸品来决定这一页的排版。如果有比较好看的票据、邮票等，我就会先粘贴上去，再在旁边留白处创作。因为票据等纸张的形状比较规则，先贴上就更容易给整体页面搭好一个框架。我不太喜欢给自己的手账设定固定模式，更不喜欢为了展示而写。我喜欢不停地尝试，不停地去寻找新奇好玩的东西。随写随画、随贴随排也是经常有的事情。一页手账想分为多少个部分都可以，这样的"不确定"也能带给我很多灵感与惊喜！

茶包包装纸

其次是颜色！

试试从渲染背景开始！

页面要想好看有两个秘诀：一在"骨"，就是页面的排版框架；二在"皮"，就是画面的颜色搭配与对比。对于视觉观感来说，容易抓住人眼球的通常是大面积明亮鲜艳的色彩，或是对比鲜明的视觉冲击效果。因此，给手账一个明快的背景色，也是我平时非常喜欢用的一招。我也多会选择像棕色系、黄色系、粉色系或蓝色系这样比较百搭的颜色，当然还可以用两三种颜色进行混色、拼贴等，既可以烘托画面，又可以当作写字的底色，还有一种杂志的感觉！

最后是装饰!

试试从杂志里汲取灵感!

如果让我说一个快速获取灵感的方式,我肯定会说这两个字:多看!

看什么?所有可以浏览和分享作品的平台、实体书都可以看!包括各种手机 App、画集、展览、杂志等。在不断积累的过程中,我们才可能像过筛子一样挑选出我们喜欢的风格与作品,进而产生我们自己的创意。

我自己平时很喜欢浏览一些杂志,包括时尚美妆类、家居类、美食类,以及设计类的等,在消遣休闲的时候,也可以借此获得一些比较专业的搭配知识与灵感。如果遇到我很喜欢的一些搭配或者创意,我会马上把它们运用到我的手账中。在尝试的过程中,慢慢地就会发现自己的审美能力与搭配能力有所提升!

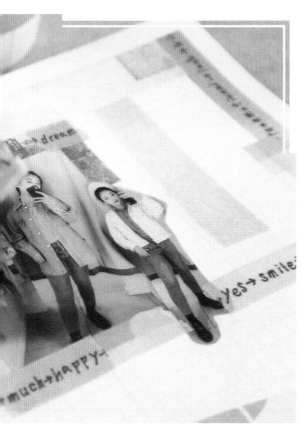

当然，对于手绘爱好者们来说，看杂志汲取灵感的另一个好处，就是可以尝试并吸纳不同的手绘画风。随手翻翻各种各样的杂志，就可以让自己接触欣赏到风格迥异的手绘，从而拓宽眼界。这样一来，无论是偏抽象还是偏写实，偏现代还是偏复古，我们都能发现这些画风各自的特点与长处，最终使其为我们所用。

没有人天生就会画画，我们看到的优秀作品不过是由无数坚持不懈的努力而得到的结果。因此，坚持与行动永远都是唯一的路。

跟很多小伙伴一样，我从小到大对与"记录"这件事有关的一切都情有独钟。

手账是时间与生活智慧的结晶，也是内心深处的另一个自我。它的神奇之处就在于可以让我们留住回忆、发现美好、学习成长与探索自我。写手账的过程是一个自我认知、自我完善的过程。我们可以在手账里分享喜悦、"吐槽"负能量、倾诉小秘密……偶尔翻看以前的手账，也会惊喜地发现我们进步了很多！

一个老师曾经分享过这样一句话，我深以为然：只有成功才是成功之母。如果说热爱和目标是我们坚持下去的动力，那么产生的结果才是决定接下来行动的方向。

如果你是第一次接触手账，那我要恭喜你解锁了一个绝佳的生活技能；如果你是资深手账爱好者，那我超开心又认识了一个热爱生活的新伙伴！让我们在手账的世界里愉快地玩耍吧！

写在结尾的话

　　光阴似白驹过隙，在有手账陪伴的时光里，我的每一天都无比充实与幸福。

　　我为什么非要玩手账不可？其实，玩什么不重要，重要的是我可以从中找到乐趣，并且给自己"充电"。

　　我很开心这本书见证了我研三这一整年的蜕变，总结了我自己的一些手账心得技巧并分享给大家！当然，最重要的还是想感谢家人无条件的关爱，做我最坚强的后盾与温暖的避风港；想感谢我的良师们，这七年的"首师"时光永远不会褪色；想感谢我的好友们，无比幸运拥有你们的情谊和支持……

　　我们每个人都在生活的柴米油盐中一点点地发生着改变，但最可贵的还是学会去珍惜和体会这滚烫而丰满的人生啊！没有努力是白费的，只是需要少一点"志在必得"，多一点"全力以赴"！

　　最后的最后，欢迎小伙伴们常来我的微博（@iBellas）"坐坐"。

　　故事和酒，在我的手账里都有。

　　谢谢你们，我爱你们！

Bella

2022 年 2 月